会撒娇的女人
Everyone Loves Tender Woman
最好命 系列之

谁是我的真命天子

台湾诚品书店十大华文畅销作家
两性畅销书作家

罗夫曼 著

当代世界出版社

图书在版编目(CIP)数据

谁是我的真命天子/罗夫曼著.-- 北京：当代世界出版社,2010.1
("会撒娇的女人最好命"系列)
ISBN 978-7-5090-0603-0
Ⅰ.①谁… Ⅱ.①罗… Ⅲ.①女性-爱情-通俗读物 Ⅳ.①C913.1-49
中国版本图书馆 CIP 数据核字(2009)第 234874 号
著作权合同登记号：图字 01-2010-0293

本书由松果体智慧整合行销有限公司授权当代世界出版社出版中文简体字版本

书　　名	：谁是我的真命天子
	("会撒娇的女人最好命"系列)
出版发行	：当代世界出版社
地　　址	：北京市复兴路 4 号(100860)
网　　址	：http://www.worldpress.com.cn
编务电话	：(010)83907528
发行电话	：(010)83908410(传真)
	(010)83908408
	(010)83908409
	(010)83908423(邮购)
经　　销	：新华书店
印　　刷	：北京市通州京华印刷制版厂
开　　本	：650×970　1/16
印　　张	：12
字　　数	：185 千字
版　　次	：2010 年 3 月第 1 版
印　　次	：2010 年 3 月第 1 次印刷
书　　号	：ISBN 978-7-5090-0603-0
定　　价	：24.80 元

如果发现印装质量问题，请与承印厂联系调换。
版权所有，翻印必究；未经许可，不得转载！

Who is My Mr.Right

爱情没有付出多与少的比较,

只有真与假的分别。

目录 CONTENTS

【作者序】寻找真命天子，你只需要维持平衡感 001

Part 1. 寻找真命天子前，请先把眼睛擦亮 001

1 一时灵魂出窍，错把玩咖当真命天子 /003

玩咖 VS 宅男全分析 /008

2 你是「月晕效应」的受害者吗？/012

自我评量：你最容易被哪种形态的月晕打昏？/018

3 爱上才子的女人，等着看心理医生吧 /021

罗式八卦：风流才子大赏 /028

目 录
CONTENTS

Part 1. 寻找真命天子前,请先把眼睛擦亮 001

他真的没那么喜欢你,还是…… /046

男人真相大公开:适时主动出击,千万别当单恋的傻瓜 /041

5 自我评量:你的不平衡指数有多高? /036

4 内在不平衡的女人,永远找不到真爱 /030

目录 CONTENTS

Part2. 寻找真命天子时，你要避开的六大地雷区 049

8 罗夫曼问与答：就是不甘心，该怎么办？ /076

罗夫曼问与答：绝不收留劈腿上瘾的男人 /070

吃「枯草」的男人，对你不会用真心 /068

7 罗夫曼问与答：前男友要求复合，我该怎么办？ /066

关于办公室恋情，你必须知道的七大事实 /060

吃「回头草」的男人，根本没把你当一回事 /058

罗夫曼不吐不快：女人生存智慧：蜘蛛宅男型的老板专吃嫩草 /057

6 爱吃「窝边草」的男人，绝对不是真命天子 /051

目录
CONTENTS

Part2.寻找真命天子时,你要避开的六大地雷区 049

11 逢低买进VS套人之危——遇到落魄的男人,请直接打入全额交割股 /104

罗夫曼问与答：让人又爱又恨的姐妹淘 /099

女人的坚强VS好强 /097

10 名草有主,请你赶紧踩煞车 /094

男人真相大公开：史上三大最差把男手段 /088

9 荷尔蒙冲脑时,离异性好友远一点 /085

/079

目 录 CONTENTS

Part3.转换思考模式,真命天子就在你身边 107

12 「爱情学力」只有小学程度,就别急着读大学 /109

13 自我评量:测试你的爱情学力 /114

把「旧伤口」清干净,你才知道需要哪种男人 /119

自我评量:
挑选男人时,你会被内心的哪种恐惧类型支配? /124

14 不离不弃的缘分,不是月下老人决定的 /127

男人真相大公开:测试他是不是你的「有缘人」/133

罗夫曼问与答:为何喜欢我却又挑我毛病? /134

目录 CONTENTS

Part3. 转换思考模式，真命天子就在你身边 107

18 自我评量：他是你的真命天子吗？ /172

在对的时间遇到对的人，才是你的真命天子 /165

别担心，遇到真命天子的女人都会变漂亮 /162

罗夫曼问与答

17 脱掉「束身衣」，大婶型熟女也有春天 /157

自我评量：你的爱情配额还够用吗？ /152

16 不屑「败犬」理论之前，请检查你的爱情配额 /146

女人生存智慧：治疗情伤的方法优劣大评比 /142

15 情伤经验，是害你淹死在情海的暗礁 /136

作者序

寻找真命天子，你只需要维持平衡感

去年底，一位现已离婚的女星惊爆和同事男星"牵手"的花边新闻，让不少人跌破眼镜，各种挞伐舆论跟着满天飞，我就有很多女性朋友，疑似屁股上装了弹簧，每次聊到这个话题，马上义愤填膺地跳起来予以谴责。

尤其是女星的前夫形象不错，向来是演艺界顾家好男人的代表之一，而且当初两人不顾周围压力，苦恋多年才修成正果。照理说，如果这样的男人不能算"真命天子"，不值得一个女人全心全意去爱他，大概全世界也找不出几个好男人了。对很多人来说，不把这种老公当一回事的女人，就算没有瞎了眼也是脑袋进水了。

但理论归理论,最让我感兴趣的是那位女星的想法。她虽然没有对事件做正面响应,偶尔的发言却很耐人寻味,彷佛透露了一个讯息:其实,她也不知道谁是自己的真命天子。明知自己当时还是人妻,却做出所谓"不守妇道"的行为,正显示出她的迷惘,这也是一种反抗,为了打破外人对她那"童话般的婚姻"的不实投射。

我当然不鼓励已婚女性大剌剌地跟人牵手逛大街,但多少能体谅这位女星的心情。也许,她发现另一半已经不再是她心目中的真命天子,所以选择再度走上真实的感情追寻之旅。说真的,外人多管闲事也就算了,还不站在人家的立场想一想,甚至把她骂得狗血淋头,在我看来,这才叫脑袋进水了!

有多少女人渴望和真命天子厮守一生,却因为人言可畏,害她们必须委身于一个在世俗标准中"比较体面"的男人?又有多少女人因为自己的心结,不敢放胆寻求自己的真命天子,蹉跎到最后,只好匆匆屈就于一个"还过得去"的男人,一辈子过着郁郁寡欢的生活？

我曾经听说有一位子孙满堂的老奶奶，她和过世的丈夫曾是人人称羡的模范夫妻，在她八十岁大寿那天，儿女替她开了盛大的宴会，她最疼爱的小孙女，半开玩笑地问老奶奶人生有没有什么遗憾？

没想到老奶奶很认真地想了一下，然后回答："我真的很想回到二十几岁，然后重新来过，勇敢追求爱情，就算受伤，也比什么都没有来得好……在别人眼中，我的确拥有人生该有的一切，可是没有人知道我的内心有多空虚。"

这番回答让每个人都呆住了，只有小孙女敢继续追问。原来老奶奶很年轻的时候谈过一次恋爱，被对方伤透了心，从此再也不愿意对男人动真情，当时她觉得自己的心已经彻底损毁，也害怕再度受伤，从此以极端保守的心态去和男性相处，就算遇到心动的对象也不敢表现出来，情愿压抑自己的感情。

直到家人替她安排相亲，她就顺水推舟地结了婚。丈夫对她呵护有加，她表面上也是个好妻子，但三十多年的婚姻生活对她来讲毫无意义，丈夫过世时,她除了在心底感谢他的照顾、尽本分地送他最后一程之外,什么感觉都没有,对他只有恩情、亲情,而没有半点爱情。虽然拥有可爱的儿女和孙子、孙女,但内心身为女人的那一块,却比戈壁沙漠还干枯。随着自己的人生逐渐迈向尽头,让她懊悔不已。

从"牵手情"到老奶奶的故事,让我再度确认一个事实:女人虽然愈来愈坚强能干,不过在内心深处,仍然有着极端柔软的角落,希望在身边陪伴自己的是真命天子,而不是阿猫阿狗(虽然少数阿猫阿狗是人见人爱,但对当事人来说,仍然只是路人甲。)

问题是,有些女人就像老奶奶一样,因为过度恐惧,痛失寻找真命天子的时机;有些女人则是仗着条件好,对于真命天子只有梦幻憧憬,而没有具体的目标,因此无上限地在情场漂泊、在欲海浮沉,把自己弄得伤痕累累,最后再也不相信真命天子的存在。

根据我的调查,有六成左右的未婚女子在三十岁之后,要是还没有遇到理想的情人,就会开始放弃对爱情的梦想,转为考虑找一个"实用"的伴侣;

而约有九成的女人只要过了三十五岁,根本直接把自己当成跳楼拍卖中的过季货,会自发性的让蛤仔肉黏住眼睛(比喻一时视人不清,好像蛤蛎的肉把眼睛给蒙蔽了),草草将就一个六十分(或更糟)的对象,还觉得自己懂得认赔杀出,看到别人和她们的 Mr.Right 恩恩爱爱,只能把心酸往肚里吞。

老实说,真命天子并不是遥不可及的梦想,除非你一开始就把真命天子的定义搞错了。

首先,真命天子不等于白马王子,而是最适合你的人。所以在出发寻找真命天子之前,要先检视自己的内心,了解自己的价值在哪里。很多女人根本搞不清楚自己想要什么,只会依照姊妹淘或女性杂志的主张设定理想对象的条件,最后就像"卡债族去逛LV,富家女去逛夜市"——糟蹋了青春、真情、精神、体力,甚至金钱,却换来一个自以为很相配,其实根本是克星或冤家的男人。

当你确认了真命天子的特质,接下来就是睁大眼睛、迈开脚步去找。追寻真命天子应该是充满乐趣的旅程,要放胆作梦也放胆去爱,如果像乌龟一样缩头缩脑，真命天子可不会自己主动来敲你的龟壳。

不过"逐梦"最重要的关键是"踏实"，我一直相信，每个人的生命中都有感情的配额，年轻貌美又充满活力时当然配额充分，爱怎么用就怎么用，但随着时间的消逝滥用感情配额，或一直把配额放着烂掉，都无法成就幸福的感情生活。

像之前提到的老奶奶，属于不肯动用感情配额的那种女人，虽然她的做法很浪费，但要是明明已经超过三十五岁，配额剩下不多，或者像"牵手情"女星当时还有家有室，对于真命天子的追寻就要走保守路线，先仔细评估自己还剩多少筹码，再决定要不要行动、如何行动，如果什么都不想就不切实际地冲冲冲，万一掉到人人喊打的地雷区，后果只好请你自行负责了。

得到真命天子的王牌，是要走"中庸路线"，避免过度偏左（太放纵）或过度偏右（太保守），加上轻松喜悦的心情，才能让你的配额发挥最大的效用，在配额耗尽之前找到"那个人"，创造出属于你们两人的无限爱情新配额。

PART. 01

寻找真命天子时,
　　请先把眼睛擦亮

01

一时灵魂出窍，错把玩咖当真命天子

女人想找到真命天子，首先要培养看男人的眼光。虽然畏畏缩缩会错失许多机会，但不懂得睁大眼睛分辨男人的质量，总是跟着感觉走的女人，下场通常更惨。尤其现在的"玩咖男"（指对爱情不认真的花心男人）都很聪明，知道想轻松突破女人的心防，就绝对不能表现出情场浪子的模样，只要披上好男人的外衣，条件好的女人要多少有多少。

我见过许多外表、气质、学历、家世、工作能力和个性都不错的优秀女性，就这样被这种无赖男人牵着鼻子走，还坚持自己遇到真命天子，完全不理会亲友的劝告。而且女人条件愈好，愈容易变成玩咖的猎物，因为正直的男人通常比较谨慎，在喜欢的女性面前又容易紧张，而玩咖往往会毫不犹豫地出击，先弄到手再说。

我就认识一个从国外留学回来的女生，拥有模特儿般的身材和容貌，但半点心机都没有，活泼善良很得人疼。可是当她进入情场，就有如肥羊走进屠宰场（而且还是自己走进去的），用脚底想也知道是件很危险的事，我们这些江湖前辈还来不及对她进行社会教育，就听说她被手快的男同事追走了。

"我觉得他是认真的，还没正式交往，他就带我去见他的家人了。"当她讲起男朋友，满脸都是幸福的笑容："他非常体贴，喜欢帮助别人，是个美食家，会写小说、跳国标舞、算命、下厨，甚至会给我瘦身美容的专业建议呢！"

当时我就有不祥的预感。按照她的说法，他未免太懂得取悦女人了吧！好男人哪来这么多花招？继续追问之下，原来男方采取声东击西战术，问她有没有姊妹淘可以介绍给他，虽然相亲失败，却开始每天约她出去。

以我阅人无数的经验,可以肯定这个男人绝对是个玩咖,而且是老手,所有的动作一气呵成!钓女生对他来说,就像吃饭、呼吸一样自然!不幸的她已经完全陷入"遇到真命天子"的迷思,什么话也听不进去。不久之后,她和玩咖男结婚,在婚礼上,美丽的新娘子眼中闪着感动的泪光,我坐在台下也含着感慨的泪水,惋惜她就这样傻傻地被骗走了,世界上又少了一个善良可爱的单身美女。

而且果然,玩咖男婚后马上就像聊斋故事《画皮》一样,脱掉了好男人的外衣,露出他的玩咖本性,更高招的是,他完全控制她的内疚感,让她觉得一切都是她的错,老公的心才会愈飘愈远。

唉!我只能说,这早就在我意料之中了,玩咖就是玩咖,就像"牛牵到北京还是牛"一样。所有的玩咖男都适合一起寻欢作乐,但完全不是真命天子的料,就算当初他主动提出以结婚为前提交往,也不代表他愿意做个好老公,那只是他泡女孩的手段(这招用来对付美女特别有效,因为美女最怕男人不诚恳)。

女人遇到玩咖，必须抱有"开心就好"的认知，我当然不鼓励女人主动去玩男人，毕竟女人很少能像男人那样玩得潇洒，但当你碰到了玩咖，除了跟他玩一玩之外，还能怎么办呢？不过，玩过之后就要各自解散回家，绝对不能跨过界，哭哭啼啼地希望能跟他回家。

比较麻烦的是，有些玩咖认真地做过功课，知道女人的弱点在哪里，乍看彷佛真的是个翩翩君子、女人肚子里的蛔虫。别说不知人间险恶的小姑娘，连一些小有江湖历练的轻熟女，都可能栽在这种男人手上。即使她们有时会突然灵光一闪，觉得哪里有怪怪的，却被外表的假象所迷惑，一厢情愿地希望对方真的是"那个人"。

而且，一个"能玩又专情的真命天子"是每个女人梦寐以求的对象，很多女人都希望这种都市传奇发生在自己身上，但是别傻了！真命天子都是玩不起来的无聊男子，甚至还有宅男的嫌疑，你想得到真命天子，就不要抱怨他老实得像块石头一样。

所以我建议，与其陷入玩咖男的陷阱，从此痛不欲生，不如把黏住眼睛的蛤仔肉拿掉！玩咖再怎么假装纯情也有个限度，开始交往时，他或许会表现出温柔贴心的模样，但没有人能长久维持这样的伪装，你只要观察他在关键时刻会先照顾你的需要，或者依然以自己为优先，就能轻易分辨出他的本性。

当你发现一个男人是不折不扣的玩咖，最好玩够了就停止和他联络，他自然会去找别人，不必跟他上演十八相送。要知道，分分合合是玩咖的乐趣之一，你纠缠得很痛苦，对他来说只是游戏的一部分。更别奢望用你的爱感动他，叫一个玩咖转性变成真命天子，还不如叫他转性去爱男人比较快。

更何况，如果你一直在玩咖身上虚度青春，即使有一天真命天子出现了，也会因为你没有容纳他的空间，而错过你们相遇相知的时机，甚至害你胡里胡涂地把终身幸福葬送在玩咖男的手上，实在是得不偿失。

玩咖 VS 宅男全分析

玩咖男人见人爱,比起来宅男就逊多了,不好看、不好吃也不好玩!可是当你被玩咖男伤害过,半夜爬起来哭哭啼啼的时候,我保证宅男的直肠子、没心机、朴素又单纯的个性,反而会让你觉得很可爱!

平日行踪	玩咖	不容易让你找出固定的模式,而且还有很多借口,像是"我本来已经要回家了,但是遇到了好几年不见的老朋友,所以又多喝了一瓶啤酒……"
	宅男	大部分的时间待在家里,就算出门,基本上行程都是固定的,连走马路的左边或右边、在哪个路口过街也很固定。

拿起电话的第一句话	玩咖	"我刚刚正在想你呢！你就打来了。"
	宅男	"你在干什么？"、"你在忙吗？"、"你怎么不接电话？"
约会	玩咖	知道很多"好玩"的地方。像是夜店、KTV（尤其是旁边有Motel的那种）、特地开车上阳明山看夜景、找你去泡"有房间"的温泉……
	宅男	首选是看电影＋吃饭，次选还是看电影＋吃饭。然后才是去动漫展、计算机展、听演讲、参加读书会……如果约你去泡温泉，还会叫你不要忘记带泳衣。

Part.01 寻找真命天子前，请先把眼睛擦亮

交通	玩咖	交通多半有车，在大众运输工具上会浑身不自在的样子。
	宅男	除非万不得已，情愿走路或坐公交车，叫他们开车会嫌麻烦。
外型	玩咖	外型重视穿着打扮，有时还会去沙龙洗头发。
	宅男	只要干净整齐，就觉得自己很帅。
搭讪	玩咖	会采用非侵入式的方法，比如说利用"我妹也喜欢某某某"制造共同话题。
	宅男	一开口就让女生觉得很突兀，直接问"你喜欢某某某吗？我也很喜欢"。
送礼物	玩咖	偶尔会买没什么价值或实质性的小东西给女人，然后用花言巧语包装。
	宅男	送女生礼物不一定便宜或昂贵，但会是他认为女生需要的东西。

总体	玩咖	欲擒故纵,让女人不会觉得没面子,但又无法掌握。
	宅男	没什么创意,甚至有点笨手笨脚的感觉。

02

你是"月晕效应"的受害者吗?

所谓"月晕效应",指的是女人看上男人身上散发出来的光环——例如知名度、财富、才华等等,就像狼看到满月一样开心地嚎叫,头也晕了,不知道自己在干什么。造成灾难的程度,我看比张宇唱的《月亮惹的祸》歌词所形容的要严重多了。

我必须承认,如果硬是要我在"月晕效应受害者"和"长期酗酒"的女人中间选择,我情愿选那个酗酒的,至少酗酒算是比较容易被理解的一种行为,但一个总是被月晕效应打昏的女人,内心一定有很严重的空虚,也许像被机关枪扫射过一样破损不堪。身为一个男人,我知道爱上这种女人之后,接下来的几十年日子会非常难过,核算一下个人付出的辛劳和获得的幸福损益比,真的还是算了。

月晕效应受害者到底会有多夸张呢?我最常举的一个例子,就是一个年轻貌美的女律师爱上烟毒犯的故事。她明明是个走路有风的专业人士,却选择嫁给和自己毫不登对的烟毒犯,后来她当然嫌老公没用就离婚了。

女律师真的把烟毒犯当成她的真命天子吗?用脚底想也知道当然是没有!她只是纯粹受到月晕效应的震荡而已。因为烟毒犯可怜兮兮的,完全是个坏男孩,对女律师那种从小家教严格、功课又好的女生来说,反而是一种自由的象征,她爱上的是一个形象、一个她永远没办法变成的人,但她又渴望变成他,所以才会以爱情的方式去得到对方。

在奥地利,因为囚禁亲生女儿、和她乱伦长达二十四年,并涉嫌谋杀而轰动一时的"兽父",他被关进监狱后,竟然还收到三百多封女性粉丝的情书!我真怀疑这些女人的脑袋到底长在哪里!她们要不是有奇特的被虐癖好、憧憬这种犯罪者，就是拥有一种救世主情结，认为自己是可以拯救他、好好爱他的天使。还有一种就是纯粹罹患月晕症，因为"兽父"登上了欧洲各大报的头条，成了"名人"，所以才会对他意乱情迷。

　　我可以很清楚地告诉你，那些月晕症女人的空虚处在哪里：被虐狂女人往往是缺乏自我价值的，也许她在自己的家族中就曾经遭到近亲的侵犯；有救世主情结的女人，渴望着"被需要"、能够拯救别人的感觉，因为她内在的小孩呼喊着想要被别人拯救；而爱上名人的女人就更好理解了，从追星族身上就可以发现，她们很狂热，但是问她们什么是"爱"，根本是一问三不知！叫她们拿《论语》读本来背一背可能还比较简单，觉得名人就等于厉害，万一刚好还是个帅哥，不得了！那就跟神没什么两样！

　　我当记者的时候，就常听说某些表面上看起来一本正经的男艺人（有些甚至还有家室！），其实到了外面，主动投怀送抱的一大堆，那些女生才不管他帅不帅、肚子里是不是一堆草包，反正因为他有名，倒贴就对了！

还有一个男歌手，个子不高，长相普通，歌艺也平平，严肃起来好像真有那么一点威严，但我听说他可是走到哪就吃到哪，一路吃还一路掉渣！从自己公司的女职员、媒体圈的女记者，到模特儿界和夜店认识的辣妹，靠着他一张嘴，加上那些女生自己月晕晕得一踢胡涂，已经足够把他给喂得肥肥的。

我曾经遇到他盘中的一个年轻模特儿，问她为什么会那么迷恋他，她很无奈地笑着对我说："因为他很关心我，像爸爸一样，所以我很享受被他宠爱的感觉，不知不觉就爱上他了。"原来这个辣妹自己的爸爸对她很严格，于是她很容易就对拥有"爸爸形象"的男人月晕，问题是男歌手太聪明了，他完全懂得小女生的心态，当他想控制她的时候，就用严父的态度对她，令她不知道为什么就很害怕，总觉得非听他的话不可。

恋父情结型的月晕效应，也常出现在外遇关系里。我朋友的女儿有天突然偷偷跑来跟我说，她和一个足够做她爸爸的已婚男人在交往，因为实在太痛苦了，她的好朋友又太年轻不懂得安慰，她只好来找我哭诉。

唉！做这种事的男人根本是在造孽！但小妹妹本身就有空洞，我朋友很年轻就离婚了，后来一直没有固定的对象，认识她女儿的人都知道，这个小女生严重缺乏父爱。才十九岁，理论上应该正在跟同年龄的小男生打情骂俏，交往上限顶多是三十岁的轻熟男，她却落入了四十多岁已婚男的圈套！这不是月晕是什么？

我诚心建议各位女性朋友，如果你发现自己有月晕症，一定要特别小心，那就像在你身上装了不同的按钮，按到哪一个，就触动你对某种特定典型男人的偏好，你就会跟中了魔没两样，一直依照同样的模式陷入情网、恋爱、失败被伤害。

而且，每当你被类似的手法伤一次，月晕的情形就会愈严重，因为你内心会一直想寻找完美的结束，能把对这种男人又爱又恨的复杂情感终结掉，不幸对方本身就是你的罩门，结果反而又被他控制住。除非你意志力非常坚定,否则很难直接在身陷月晕效应时,还能让自己维持超然的立场。

　　最好是能找出让你月晕的源头,就像抓过敏原一样,把那份迷思好好想通、解决掉,心里有什么空虚,也亲手把它们填补起来,学会多爱自己一点,你就能从内散发出光芒,也就不会被男人虚幻的光芒所迷惑了。

自我评量

你最容易被哪种形态的月晕打昏？

假设你被邀请到一个小国的皇宫里作客，受到国王和皇后热情的款待，三天两夜的拜访结束后，国王很真诚地告诉你，你可以在城堡里选任何一样东西当成纪念品带走，但是不可以转卖，你会选什么东西呢？

a.王子的私人专线(或手机)号码

b.皇后戴过的一串五克拉钻石项链

c.皇家代代相传的宝剑

d.皇宫收藏的达芬奇真迹画

e.什么都不要，但是希望国王收你做干女儿

测试结果：

选a的你

童话般的爱情是你的致命伤，当你遇到一个会甜言蜜语的男人，很容易就爱昏了头。如果对方长得很帅，更可能害你"死了也要爱"。说一些甜言蜜语很容易，但真挚的爱情永远需要实际的行动来证明。

需要特别小心——帅哥，很会赞美女人的男人。

选b的你

不用我说，你应该也知道自己喜欢物质享受，想钓到你很简单，带你进出高级消费场所就可以了（还不一定要买名牌送你）。可是别忘了，如果没有爱，男人把钱花在酒店小姐身上也很爽！

需要特别小心——小开或月薪超过十万的男人，总是用礼物代替道歉的男人。

选 c 的你

你对男人的"英雄事迹"几乎毫无抵抗力，你只爱那些值得被崇拜的对象。问题是这种男人常有自恋倾向，他的光芒太亮了，要是你想有自己的一片天，往往会变成他的假想敌。

需要特别小心——看起来很能干或喜欢宣传自己丰功伟业的男人。

选 d 的你

不管男人有没有钱、长得帅不帅，只要小有才华，你就很有可能被吃得死死的！号称有才华的男人其实满街都是，但能不能好好过日常生活，有没有面对现实的肩膀，才是你应该考虑的重点。

需要特别小心——任何型态的"才子"。

选 e 的你

你很重视"人脉"，拿到眼前的短期利益还不如认识很多有用的人士，将来可以好好运用。小心！名人可不是笨蛋，当你认为自己能妥善利用他们的时候，他们也会想着要怎么加倍的利用你。

需要特别小心——有名气的人，尤其是艺人。

03

爱上才子的女人，等着看心理医生吧

有很多女人的情路不顺，是因为在挑选男人时，总会落入某种特定的"模式"中，也就是说，她们脑子里像是灌好了一套筛选程序，每次遇到看起来不错的对象就会自动扫描，只要扫到了程序里的某些关键条件就一头栽下去。

我有时会问身边的女性朋友："对你来说，真命天子最重要的条件是什么？"

曾经有一个朋友想也不想地回答："才华！我不在乎钱，也不在乎长相，不管一个男人外在的条件多好，只要没有才华就免谈！"

这个回答令我印象深刻,不是因为她的选择"没有钱的味道",而是那种对才华的偏执,对她来说,已经变成了一种模式和盲点,让她无法看清真相。

后来我发现,相对于偏好"三高"(身高高、学历高、收入高)的男人,愈来愈多的女人懂得脱离外貌协会和拜金迷思,转为挑选比较非物质的条件,而"才华"正是排行榜上的第一名。

可是,以男人的才华为优先考虑,真的会比重视物质层面高明吗?答案是"不见得"。而且,当一个女人用才华当作筛选程序的主要条件,往往只挑到自己想要的东西,完全没有考虑到不适合她,或者她所不能接受的部分。

像那个爱才如命的女性朋友,这些年来的恋爱过程只能用"惨绝人寰"来形容。其实她自己就很有才华,多年前在工作时认识了一位被称为才子的创作型艺人,对他一见倾心,对方也深深被她的美貌和气质所吸引。

问题是,当时她已经有稳定交往的男朋友了,还是个外在条件和性格都很不错的男人,把她照顾得无微不至,人人都看好他们会结婚。身边的朋友一直劝她不要太冲动,才女却理直气壮地说:"他是个好人,但是对音乐一窍不通,常常让我觉得很寂寞……"不久就抛弃男朋友,跑去跟才子在一起。

在我看来,那位才子只是想玩玩而已,根本没有打算跟她长久交往,所以当她恢复单身,对她的态度就有了一百八十度的转变,一个月见不上一次面,在人前也刻意和她保持距离,宣称是"为了形象",她却好几次眼睁睁看着他和女同事打情骂俏,甚至当众搂抱。

我劝过她不下几百次,这男人绝对不是好东西,赶快趁着没什么人知道他们的关系时走人算了,但才女为了留住她所谓的"灵魂伴侣",把所有的不满都压抑住。

直到她有次参加才子办的Party,遇到一个很年轻、跟她长得很像的女孩子,那女孩莫名其妙一直拉着她哭诉,说自己其实是才子的地下情人,已经在一起四年了,身分不能公开让她觉得很痛苦……在那一瞬间,她清醒了,发觉才子只是在收集同类型的女人，她只是其中一个而已，就忍痛切断关系。

可是很遗憾，她的故事还没结束。

几年后，她又爱上另外一个彷佛很有才华的男人，跟她交往时就像被她抛弃的前男友一样体贴，她觉得自己终于找到了平凡的幸福，答应了对方的求婚。结果听说她婚后问题不断，老公爱喝酒、喜欢跟别的女生搞暧昧、才华洋溢却不愿意踏实工作，根本就是才子的"升级版"。

后来她终于因为家暴而离婚，我劈头第一件事就是问她，到底婚前知不知道老公是那种人？一般来说，很少有人可以把自己完全伪装起来，尤其当他根本不认为自己的行为有哪里不对，一定会露出马脚的。

这时她才流着泪坦承，其实她早就知道一切，结婚前也一直觉得很不安，但她实在没有办法割舍他那份才气，只能期待婚姻生活能让他变得稳重有责任感，所以婚前从来没有向任何人提过他的缺点，因为她知道，如果说出来，家人情愿把她关进精神病院，也不会让她嫁给这种人。

老实说，我很少觉得无力到快昏倒，听她的自白却是其中一次，连企图把她打醒的力气都没有。同样的错误犯第一次也许是傻，第二次已经是笨，只希望她不会再犯第三次，不然就是无药可救的脑残、犯贱。

尽管如此，我也知道世界上有无数的傻女人，不断在重复她们的脑残错误，不断陷入对才华的迷恋，而忘了拔掉黏住眼睛的蛤仔肉，看一看那些让她们爱得死去活来的"才子"，如果没有了才华，到底还值不值得爱。

我必须说，一个女人如果深受男人的才华所吸引，往往是因为男人的才华能够填补她内心的坑洞，像我那个才女朋友，从小就觉得别人都以她的学业或外表评估她，才华不受到重视，尤其是爸爸，好像从来没有称赞过她的才华，所以才执迷于寻找一个了解她的才华、相对也能被她仰慕的对象。我也听说过很多女生，认为自己没有特殊的才华，所以特别喜爱有才华的男人，想弥补自己的不足。

像这种内心比月球表面还凹凸不平的女人，真正该做的并不是找一个有才华的男人，而是去参加同好团体或上上才艺班,只要能用自己的力量把坑洞补起来,身边的伴侣扮演支持的角色就好,能不能理解她们的才华,反而不再重要了。

而且现实是很残酷的,公认有才华的男人难免恃才傲物,不把别人的才华放在眼里,多半很难相处;而自称有才华的男人,则通常是在性格、人品上有很大的缺陷,才拚命强调才华来掩饰弱点。不管哪一种,都不是真命天子的料。

当然,我不是说有才华的男人一定不会是真命天子,只是如果你真心想得到幸福,焦点就不能放在才华上,只要有才华,男人即使会杀人放火也不在乎。看到对方的才华只是第一步,对方是不是除了表面上的才华外一无所有?可以接受他的缺点吗?聪明的女人会知道顺便评估对方其它的条件。

更何况,才华真的很见仁见智,比"三高"还不可靠!音乐或文学上的素养当然是才华,总是无条件地包容老婆的任性,或者每天晚上自愿起床三次喂小孩,难道不算是一种才华?

所以说,重视才华也有层次的差别,以表面条件作为挑选另一半的依据,并不会为你带来真命天子,而是肤浅又破绽百出的男人。

罗式八卦

风流才子大赏

很多女人爱才子，可是俗话说"自古才子多风流"，才子很少有天长地久的恋情，反而常孜孜不懈地在开发新恋情。看在平凡男人的眼中，真是既羡慕又嫉妒！如果说我立志成为女人的偶像，那么每个才子都是所有男人的偶像，应该颁发奖项以兹表扬！

入围：最洁身自爱赏

受赏人：某位创作型小天王

这位才子出道多年只承认过和一位女艺人的关系，那么其它绯闻对象难道全是假的吗？扣掉他和那一位女艺人交往的时间，仔细算算，如果一个男人真的能守身如玉那么多年，其实也算他厉害了。

大赏：最光说不练赏

受赏人：某位台词创作歌手

我曾经不只一次大力赞扬这位才子所写的歌词,遗憾的是,他也不是普通的风流,虽然能写出专情而动人的字句,不代表他就是一个专情的人……也许他秉持着"我不入地狱,谁入地狱"的精神,靠着亲身体验爱的负面情境,进而摸索出爱情的真理?

特赏：最会哄老婆赏

受赏人：某位香港玉女的才子老公

这位才子对男人来说,可说是偶像中的偶像!当初在夜店激吻辣妹,已经被拍个正着了,他自己也认了,还能得到老婆的原谅(那时候甚至还没有结婚)。据说两人交往二十年之间,才子也从来没有停过劈腿。虽说玉女的修养应该很好,才子哄老婆的功力也不是盖的!

Part.01 寻找真命天子前,请先把眼睛擦亮 | 029

04

内在不平衡的女人，永远找不到真爱

我有一个朋友是某家中小企业老板的掌上明珠，在国外念了硕士学位后回台湾，接受爸爸的栽培准备成为接班人。她本身是个开朗有人缘的好女孩，但感情的品味"独特"，老是喜欢上公司的司机、爸爸的私人保镖之类的男人！

并不是说司机和保镖不好，而是双方的背景、观念，甚至连年龄都差太多了，当然总是遭到爸爸的大力反对，还害那些男人丢掉饭碗。即使她偷偷和对方继续交往，也过不了几个月就吵架告吹。

她大概认为自己能完全"放下身段"去谈那些感情，所以一定是"真心的"，但在我看来，她的几段恋爱完全是活生生的《史瑞克》真人版。唯一的差别在于：虽然费欧娜公主美如天仙，但她深知自己的真面目，所以才去选择了同类的史瑞克。而我那个朋友，其实从里到外都是不折不扣的公主，却不知道脑袋里是哪几条神经烧坏了。

明明每个朋友都听她说过，她理想中的男人必须拥有金城武的外表、梁朝伟的体贴、比尔·盖茨的聪明才智、罗密欧的痴情……先不管那些特质能不能拼凑出一个适合她的男人，当她真正在挑男朋友时，却会莫名其妙地略过这些特质，跑去选择一个她自己都不甚满意的对象。

根据我的观察，很多女人就算不是千金小姐，也会故意去选择条件比自己差的男人，这就是因为内在不够平衡，觉得自己不完整、有破损。当一个女人出现这种心态时，往往会采取两种极端的作法。其中一种，就是为了安全感，拼命去降低标准，只要能抓到一个男人来爱自己，管他跟自己合不合。

所以，你一定曾经在街上看到那种打扮得很时髦，看起来应该也有点小聪明的漂亮女生，身边却跟着和她完全不搭的可怜兮兮的小男佣、哈巴狗，甚至又土又呆的忍者龟，就是为了要满足自己脆弱不堪的自尊心和安全感。

别不信邪，其实这种状况非常普遍。

我另外一个轻熟男的朋友，长得高高帅帅，学历不错，又是个年轻老板，条件相当好。记得我第一次去他家拜访时，他才刚新婚不久，一坐下就有佣人送上茶水，我心想一定有很多女人羡慕他老婆，嫁给这么帅的老公，当了现成的老板娘，还不用自己做家事！我看，她不是长得比第一名模美一万倍，就是超会撒娇、EQ超高的聪明女人。

但等了很久，他老婆都没出来打招呼，我忍不住问他夫人在哪里。

"夫人？你说我老婆？"他一脸茫然，好像我脑袋坏了一样："刚刚那个端茶给你的就是啊，你没看到吗？"

我当场被茶呛到，真的差点呛死！端茶出来的女人又黑、又丑、又老，活像个老妈子，还是宫廷剧里面专门洗便器的那种老宫女，说是他妈我都打死不会相信,怎么可能是他新婚的老婆呢?后来他又把老婆叫出来给我看个清楚,我看他对她不断大声吆喝,的确把她当成佣人在使唤;她一直默默低着头,满脸逆来顺受的麻木表情,也的确是个佣人的样子。

虽然我不方便问他们结婚的来龙去脉,但依照他们互动的方式来看,我猜那位朋友故意选择这样一个条件跟自己差很多的老婆,是因为如此就可以在家当皇帝了!这完全是一种自卑的表现,或许他以前交往过条件不错的女生,但对方伤害了他,所以他情愿抓两粒特大颗的蛤仔来黏在眼睛上,找一个"居家常备良药"型的女人,只求现在不被伤害就好。

他跟那个总是爱上司机、保镖的千金小姐,这两个人爱好施虐、心理变态的程度是一样的!因为一口咬定自己心目中理想的美女(或帅哥)一定不好搞,就可以把自己对幸福快乐的渴望当垃圾一样丢掉,我想他们根本不懂真爱是什么吧!

至于那位很像佣人的人妻,刚好是内心不平衡的另外一种典型。明明知道自己跟先生不搭,却因为男人像她的太阳,填补到她内心阴暗的角落,所以硬要结这个婚,连自尊和对幸福的愿景都可以不要了。我也敢说,她根本不爱自己,又怎么可能爱别人?

这种女人表面看起来非常温柔传统,好像什么都能逆来顺受,彷佛跟传说中的好命撒娇女是同一种生物,但跟她们相处一阵子之后,就会发现她们根本没有人生可言,把男人当成宇宙的中心,将所有的情绪都绑在男人身上。依照男人变化无常的"快乐"或"不快乐",来决定自己每一刻活得有没有意义,这不是很悲哀吗!

问题是,身为旁观者的时候,每个人都会说她神经病或被虐狂,但等到自己陷入这种状况时,就不一定能轻松解套了。

像我也有不少女性朋友条件都非常好,只要一念之差就会变成养小狼狗的变态女王,却选择默默地承受烂男人的精神凌虐。对方全身上下可能只有一纳米大小的部分比她能干,却刚好是她最渴望的东西,于是结局可想而知！她会为他做牛做马,忍受他在外面乱搞,有时还得帮他擦屁股,却永远换不到他的尊重,但她就是离不开,因为她不相信自己还能找到更好的。

从千金小姐、年轻老板、老妈子人妻到苦命女强人,不管是哪种典型,都是不敢面对自己内心的不平衡之处,所以才会往外寻找一个"自以为能弥补自己不足"的对象,当然会走进不平衡的关系。结果往往要到很多年后才发现,对方根本不是良药,也不是让你死个痛快的毒药,而是害你求生不得求死不能的"泻药"。

自我评量

你的不平衡指数有多高?

这是一份评量表,并不是心理测验,所以请不要逃避现实,选择"正确"答案,在夜深人静的时候,好好审视自己的内心吧!

1. 人家都说你的条件不错,可是你觉得自己没有那么好。

是□ 否□

2. 就算你跟对方交往一年以上,你也不愿意把自己最脆弱的一面表现出来。

是□ 否□

3. "忍耐"对你来说是一种美德,或者是一种习惯。

是□ 否□

4.你相信"爱情"就是在茫茫人海中找回自己失去的另一半。

是□否□

5.你的父母、祖父母或兄弟姊妹中,有很强势的人物。

是□否□

6.你每次和一个新对象交往,都希望是最后一次从头开始谈恋爱。

是□否□

7.你觉得在感情关系中,两个人"主导"和"服从"的角色是不可更改的。

是□否□

8.你很容易"见色忘友",谈起恋爱时就不太容易听进亲友说的话。

是□否□

9.谈感情时你常觉得自己不能随心所欲地说话,怕会伤到对方或被对方讨厌。

是□否□

10. 你曾经有过两次或以上不平衡的感情经验，不是你的条件远优于对方，就是对方比你优秀很多。

是□否□

测试结果：

勾选三个（是）或以下

你有轻微的不平衡问题，可能是刚好有过不愉快的感情经验，或者小时候受到不公平对待，让内心产生阴影。

最好的作法是静下心来找出自己受伤的部分，了解到发生那样的事情不是你的责任，只是一个过程，下次再投入感情关系时，过去的事就过去了，别让以前的事左右你的想法。

勾选五个（是）

小心！你对感情的信念已经开始产生偏差了，继续恶化下去会变成病态的恶性循环。建议你把生活的重心摆在感情以外的事情，也不要害怕失去不健康的关系。

爱情是会让人容光焕发的快乐享受，却不能当成人生的全部，一个人暂时不谈恋爱不会死，但一直陷在不健康的感情里会死得很难看！

勾选八个（是）或以上

你的不平衡指数都快破表了！说真的，光是看两性书籍其实已经不太能够帮到你，最好直接寻求单独咨询式的协助。还有，这段期间请不要刻意去开始一段新的感情，甚至跟交往中的男友论及婚嫁，先让自己回复到平衡状态再说吧！

05

适时主动出击，千万别当单恋的傻瓜

不久前，几个女性朋友拖我去看一部号称"彻底剖析男性约会心理"的爱情喜剧，据说还是从一本国外的畅销两性书改编的。我承认电影内容很好笑，但整整两个小时不断听见身边几个女人发出凄惨的苦笑、冷笑、奸笑，没事还会瞪我两眼，感觉真是花钱找罪受。

老实说，我绝对鼓励女人去多看、多学，好了解男人心里在想什么，可是谈感情的时候要用"心"而不是"大脑"，尽信书还不如无书，更何况把"娱乐片"的内容当教条！这种作法未免也太神经质了。

在这部电影中就有很多结论很武断，我不会说那些论断是完全错误的,但你只能把它们当成参考指标,而不是绝对真理。

比如说,电影里就出现一个很让人撞墙的观点:"如果男人不主动打电话给你,表示你不是他的菜。"其中一个和我一起去看电影的女性朋友,散场后就一直针对这件事骂个没完,说她最近几年遇到的男人都很"没诚意",从来不会打电话给她,就算已经进入约会的阶段也一样。

我真想把剩下的爆米花都塞在她嘴巴里。拜托你也用大脑想一想!电话是用来做什么的?是"联络"嘛!在还没有网络的年代,他如果不打电话也不写情书,就完全没管道跟你沟通或约你出去,那么当然代表他对你没兴趣。

可是现在呢?实时通讯软件一大堆,几乎每个人都有"MSN使用强迫症",只要认识新朋友,首先急着交换的不是电话号码,而是MSN账号。除了公事上的正式联络外,已经很少人会慎重其事地打电话了。

我有个朋友,婚后住的地方距离娘家只要十分钟路程,但她从来不会打电话回家,而是用MSN联络，她说："电话费那么贵，有事留言在 MSN 很方便呀！"由此可见人都是很懒的，如果他知道你整天都挂在网上，只要敲个讯息过去就能跟你讲到话，他又何必特地打电话给你？

顺便一提，有很多女人把 MSN 标题当成自己专用的新闻跑马灯，随时根据自己的身心状态更新标题（我怀疑她们思考标题要写什么的时间，比用在工作的时间还多）。要知道，这不但会让男人不想打电话，甚至也是害很多感情还没开始就宣告结束的一大主因。

你知道为什么《花花公子》、《男人帮》之类的男性杂志会卖得那么好吗？男人当然爱看美女清凉照，可是更有趣的单元通常是访谈，因为内容总是点到为止，可以满足偷窥的快感，不管经验再丰富的男人，还是会被女人的"神秘感"吸引。但 MSN 标题这种东西，会令女人不小心把自己的底牌全部掀开。

我自己就很受不了 MSN 文化，因为一上网就会看到别人的标题，一大串抱怨的、发飙的、状似自我勉励但其实是自怜自艾的……看了就头昏，完全是精神污染。有些跟我关系稍微亲昵一点的女性,还会意有所指地写些暧昧的话语,或者放一句钓人胃口的文字,摆明要吸引我去跟她讲话。唉,当我一眼就知道这些女人在做什么,甚至想什么,就一点乐趣也没有了。有几个本来印象还不错的女生,却连续几天看到她的状态大喜大悲地上下起伏,像洗桑拿一样。想想看,我会因为看到一个还满喜欢的女人在标题上写"我心情好差,好想自杀"就心生怜爱,赶快打电话过去问候,然后每天跟她热线三小时吗?逃都来不及了!

所以说,拿"有没有打电话"当作"喜不喜欢",是一个超级荒谬的推断,尤其在现在这种时空背景,有MSN或其它通讯软件在搅局,男人就算喜欢你,也不觉得有打电话的必要(除非你在MSN上从来不谈私事)。

而且除了懒,不打电话的理由实在多到不胜枚举,有可能是他真的害羞到不行,也可能有其它难以解释的理由。我有一个男性朋友什么条件都好,就是讲起话来严重咬字不清,像某位小天王唱歌的时候一样，嘴里彷佛永远含着一颗鸡蛋，提起以前要跟喜欢的女生讲电话的时代，他简直痛不欲生！从此罹患电话恐惧症，除非人命关天，否则别想叫他拿起电话打出去。他后来还是遇到一个完全不介意这点的女生，会主动打电话给他，听他说话也很有耐心，最后当然是顺利修成正果了。

如果你和一个男人拥有相同的兴趣，约会见面的时候感觉很好，聊得来，也能从相处中建立起信任感，我相信你根本不会介意当初对方到底有没有主动打电话给你。

电影里还有其它论点，各有各的破绽，我只能再强调一次，它们有一定程度的参考价值，但请你不要把它们全部抄下来，约会时再偷偷拿这张小抄出来，逐条筛选男人是不是真命天子，把自己搞得神经兮兮的，最后反而把真命天子候选人乱枪打死，然后继续被烂男人骗得团团转。道理很简单：如果老实的男人一做错事就被判出局，剩下的一定只有更狡猾、更死缠烂打、不会轻易被你抓住把柄的无赖男人。

寻找真命天子前，请先把眼睛擦亮

男人真相大公开

> 他真的没那么喜欢你，还是……

书上说，这样代表他没那么喜欢你……有没有想过，其实他可能……

不约你出去	1. 是个宅男，本来就很少出门，根本连该去哪里都不知道。 2. 自卑，怕跟你一起走在街上不搭。 3. 就是不喜欢出门。
不打电话给你	1. 很节俭，觉得有话在 MSN 说就可以了，免费才是王道啊！ 2. 很害羞、不善表达或临场反应很慢，打电话怕会坏事。 3. 就是不爱讲电话的人。

不跟你发生关系	1. 怕你只想玩玩，最后不愿意对他负责。 2. 担心被你拒绝，在等你主动给一点友善的暗示。 3. 就是不喜欢做那档子事。
不想跟你结婚	1. 在等你彻底搞清楚"婚礼"和"婚姻"的差别。 2. 觉得自己赚的钱不够养家。 3. 就是不相信婚姻制度。

罗夫曼提醒你：

千万记得！不同的文化背景会培养出不同性格的男人，在纽约通行无阻的准则，拿来台北用会让你看起来像疯子。

不过，每一种状况中的可能性3.是放诸四海而皆准：如果他总是给你那种感觉，你该担心的问题是"他到底适不适合你",而不是"他到底喜不喜欢你"。这两种问法的差异很微妙:前者的主导权在你手上,你可以决定要不要继续喜欢他;后者却好像你在等着被他临幸一样。

　　拜托!就算是自问,也要拿出你的Guts(魄力)来!

PART. 02

寻找真命天子时,
　　你要避开的六大地雷区

06

爱吃"窝边草"的男人，绝对不是真命天子

对一些工作忙到坐在马桶上都会睡着、社交圈比金鱼缸还小的轻熟女来说，几乎没时间、场合去认识理想的对象，如果能够边工作边谈恋爱，似乎是一举两得的便利方案，"办公室恋情"就是这样流行起来的。

不过我必须说，只有想把火坑当作桑拿烤箱，或者企图拿油锅当SPA池的女人，才会在自己的办公室里寻找真命天子。除非你认为自己比黑涩会美眉还青春貌美，时间多到没地方浪费，否则无论再怎么走投无路，情愿去参加婚友社的团体相亲，也千万别从工作伙伴中挑选对象。

我个人在情场转战多年，素来有"三不吃"：

1. 窝边草

2. 回头草

3. 枯草（身心都缺乏滋养的女人）

其中以窝边草为最高禁忌，即使世界上只剩下最后一个女人，只要她是女同事，我就情愿饿死、闷死、憋死，也绝对不吃。特别是在工作上需要受我指导，有着徒弟身分的女下属。不是我自夸，如果我罗夫曼想吃的话，还真是要多少有多少，甚至还有倒贴草！但这样做很不道德，为了女生的福祉着想，男人是万万不可以对窝边草出手的。

尤其身为上司，绝对不能把公司当成后宫三千。人家女生是出来工作的，如果和上司相恋，不但上班时无法专心，在恋爱中更加有所顾忌，最常见的一个典型是：交往后发现个性不合，可是女生又会担心一旦分手会成为丑闻，饭碗也可能跟着不保，在骑虎难下的状况下，只好勉强跟对方继续交往，浪费时间和精力，还会留下不愉快的回忆。

有潜力成为真命天子的男人，一定了解这个道理。因此，就算再喜欢他的女同事，也绝对不会张开血盆大口直接把对方吞下去；相反的，只有那种完全不管女孩子死活、自私自利又比猪还懒的男人，才会以吃窝边草为乐。

所以说，一个男人不管表现得有多像个正人君子，只要爱吃窝边草，我敢说他有九成五以上的几率是一个"蜘蛛宅男"——只会在自己的地盘上结一张网，永远都不跨出去，每天翘着八只脚等待美味的蝴蝶、蜜蜂自投罗网。这种男人是怪胎，应该被送去做标本，根本不可能成为任何女人的真命天子。

曾经有个女生和她的直属上司陷入热恋，开始时女生觉得自己不但遇到良师、伯乐，也一定是遇到"那个人"了。但是三个月后，女生发现两人的价值观差异很大，因此提出分手。男方的反应简直像头疯狗一样，当场摔椅子、对她大骂三字经，在公众场合则极尽讽刺、羞辱之能事，常故意把麻烦的工作丢给她，每天挑她的毛病，又恐吓她即使离职，以他的人脉，她也别想在业界混下去……

不管怎么看，我都觉得这个男人从来没有把她当成真命天女,而是想无限延伸他的淫威。问题是,我发现有不少女性同胞,特别是刚步入社会的年轻女孩,很容易会爱上自己的上司。

从心理学的角度看,这些女生的父女关系通常不太好,因此,成长后会对权威人士有偏好。这种情况说穿了,只是单纯的童年阴影,把和上司的恋爱当成父爱的代替品、情感上的成人纸尿布,并不代表上司真的那么值得仰慕,却令不少女人落入蜘蛛宅男上司的陷阱。

假设追你的只是普通的男同事,你也可以铁口直断,判断这些男人的性格有失稳重,没有什么自制力,也欠缺远见,他们不能等两人不再共事后才展开追求吗?一定要"寓工作于娱乐"吗?性格决定命运,这种轻浮的蜘蛛宅男通常会工作、娱乐两头空,最后事业无成,娶到的老婆也低于标准值,四十岁之后就开始过着没有梦想、没有希望的空虚人生。

我想会看这本书的女性,应该都希望有尊严又有梦想的幸福生活,而不是随便找个人一起混吃等死就能满足了。

如果追求你的是你的下属，就更要小心应对了。会追求女上司的蜘蛛宅男，多半是把女方当成三合一便利包，也就是"宠爱他的老妈子＋替他擦屁股的阿姨＋满足他生理或经济需求的保姆"。我一个前同事就跟她的男下属谈起姐弟恋，没多久后结了婚，可是婚后才一个月，前同事就气冲冲地打电话给我，说她宁死也要离婚，问我有没有认识律师可以介绍给她。

原来男下属跟她交往时，刻意表现出一副很有干劲的样子，获得她的赏识也掳获她的芳心，但一结婚，他就借口不方便继续担任老婆的手下，把工作辞掉了，结果也没去找新的工作，每天就窝在家里上网、打电游、看电视，甚至不帮忙做家事，摆明要当小白脸，让月入十几万的老婆养他，而那个老婆在公司厮杀一整天，回到家还得替他洗内裤！

总之，不管办公室恋情表面上看起来有多方便，甚至还有一点刺激。我会奉劝女性朋友们，别轻易向人性中好逸恶劳又贪玩的那一面投降，因为会吃窝边草的男人是不折不扣的便宜没好货。在社会新闻中,也常会看到男人跟女同事交往,把女同事迷得神魂颠倒后,利用女方帮他们做假账、盗用公款的诈骗案例。

要是爱上蜘蛛宅男,轻则赔了感情又丢掉饭碗,严重的则从原本美丽的蝴蝶或蜜蜂被啃到残缺不全,掉在地上连小强(蟑螂)都不屑扛走。他们不但不是真命天子,而且还是无情杀手,会害你离真命天子愈来愈遥远。

罗夫曼不吐不快

蜘蛛宅男型的老板专吃嫩草

我常听说某些前辈级的画家和摄影师,专门找学生妹来当兼差模特儿,一天只有几百块酬劳,作品完成后,顺便把人也吃掉了,这不但是吃窝边草,而且还专挑便宜又大碗的嫩草!

还有一个艺术家,开了间四、五人的小公司,女员工的流动性很高,可是每一个任职过的女生都被他吃过!人家开公司是想赚钱,他却专门用来填饱肚子。

这类的例子不胜枚举,让人啧啧称奇的是,这种蜘蛛宅男型的老板,往往会遇到对"才子"或"权威"毫无抵抗力的痴情小女生,我只能说,一个愿打一个愿挨,她们通常都被白白玩弄个好几年,才会哭着去精神科挂门诊。

女人生存智慧

关于办公室恋情，你必须知道的七大事实

1. 七成以上的上班族实际谈过办公室恋情，但是，也有两成左右的人宁死也不肯在办公室里找对象。

2. 有百分之六十以上的老板痛恨属下谈办公室恋情，甚至还有公司明文规定：谈办公室恋情被抓到，罚款上万元！

3. 知名的大型企业多半禁止办公室恋情（虽然这种规定，在技术上是违反劳动法的），如果两人结婚，还会要求其中一方离开公司。

4. 如果一个人总是在办公室里挑对象，结婚后藉由办公室恋情胡搞瞎搞的机率也很高。

5. 上班族的外遇中，有九成以上是从办公室恋情发展出来的。

6. 不管提出分手的是哪一方，当办公室恋情破

局,通常女方会选择离开原本的工作,男方则是死不要脸地继续留下来。

　　7.有八成以上的办公室恋人偷偷表示,有时明知道对方人品很差,但不敢分手,因为怕被对方报复。

07

吃"回头草"的男人，根本没把你当一回事

姑且不论是被你抛弃的男人，还是有一个主动离开你、你提出分手时无动于衷的男人，有天突然跑回来找你，我劝你一定要硬着心肠把他赶走，连他回头的理由也不用问。

一般来说，男人吃回头草可能有三种目的：第一，他一时之间找不到合胃口的新菜，吃生不如吃熟，于是把前女友（或前妻）当炮灰。第二，他走投无路了，也许事业失败或被新女友甩掉，就利用以前的女人来"慰安"。

至于第三种男人，不但是饥不择食的狗，更是居心叵测的狼，他表面上回到女人身边，真正的目标却是她的女性亲友。我曾经听过一个男人对前女

友的妹妹有意思,所以他又跑去跟前女友在一起,结果成功让妹妹陷入情网后,二话不说再度狠心抛弃前女友,害前女友崩溃割腕。

所以我常说,女人最好别看太多浪漫爱情喜剧,就算要看也别自己对号入座,那些"发现旧爱还是最美,后悔当初伤害了一个好女人"的故事是千中有一就该偷笑的传说,害人程度跟《灰姑娘》有一拚。

在现实生活中的男人吃回头草,顶多把前女友当营养口粮或心灵鸡汤,甚至是垫在生鱼片下面的萝卜丝(只是用来帮生鱼片去腥,没有人会专程点来吃,重点还是生鱼片),为了不让前女友一下子看穿他的阴谋而跑掉,所以才发挥超越奥斯卡影帝的演技,给对方有种能复合的错觉。

但事实摆在眼前,有很多女人瞎了就是瞎了,只要前男友、前夫又跑回来找她们,就会感动得痛哭流涕,以为这是重新来过的大好机会!那个自杀未遂的前女友还哭哭啼啼地对我说:"我跟他分手后想了很多,觉得自己也有不对的地方,本来以为他有同样的感觉,因为失去过一次会更珍惜,这次一定能修成正果……"

我只能说她真的是"想得太多",一个男人如果是认真的,就不会轻易放弃一段感情,而且只有在他确定这段关系已经烂到无药可救,才会忍痛分手。任何心智正常的男人在分手后都会选择往前看,而不是一直想着和前女友复合的可能性,有那个时间沉溺在过去,还不如去认识新的女生!

会吃回头草的男人,从一开始就觉得这段感情可有可无。换言之,他压根就没把你放在眼里!与其说他的行为是"念旧"表现,还不如说他是在利用女人的念旧心态,去满足他的自私自利。既然不把你当一回事,无论他做出什么更卑劣、更伤人的事情,都没有什么好奇怪的。

所以说,只要有某个男人斗胆把你当成回头草,你最好一脚踢开他,千万别不切实际地认为他一直念念不忘你的好,更别以为他是能够成为真命天子的归巢倦鸟。

我有个朋友很早就结婚、生下两个小孩,十几年后，原本一派老实的老公有了外遇！而且还常常不回家，她想了很久才忍痛离婚，带着孩子搬走，但协议让前夫每个月来看小孩。这样的生活过了两年，一天她前夫突然提出复合的要求，我的朋友不知是忘记了遭到背叛的痛苦，还是已经原谅前夫，不顾所有亲友的强烈反对让他搬进来，小孩倒是很高兴爸爸能跟他们一起住，更让她觉得自己的决定是对的。

结果不到半年，有一天，有个挺着大肚子的女人跑到公司找她，自称是她老公的未婚妻。原来当初这女生认识她老公时，他就说自己是独子，结婚生子是为了对爸妈有交代，但一直不知道自己是不是真的爱老婆。女生听信了他的话，自然而然发展出婚外情，也导致我朋友婚姻破裂。

男人离婚后，女生继续和他交往，男方父母对她也没有意见，后来怀孕了，男人却开始避不见面，女生去向男方父母哭诉，老人家答应一定会叫儿子娶她，没想到一逼之下，男人竟然离家出走逃到前妻那里，女生最后还得通过私人侦探，才把人给揪出来。

朋友在讲这个故事的时候一脸无奈，不过我很确定在场所有人都想给她几巴掌把她打醒。目前的状况是：第三者生了孩子，住进我朋友以前的家，睡在她以前的床上，情愿无名无分也要和男人在一起；至于她那个除了能播种以外根本不算男人的前夫，则是"左右逢源"，如果在家里跟女朋友吵架，就跑去前妻家寻求庇护，如果前妻让他不高兴，又跑回自己家。

哼！这何止是吃回头草，简直是左咬一口右咬一口，高兴爱怎么吃就怎么吃，永远在利用其中一个女人逃避另外一个，这种男人早该拉出去枪毙了，竟然还放任他尽享齐人之福。据我所知，这两个女人都抱持着"他一定还爱着我，也需要我，只是为了小孩才不能抛弃另一个女人"的心态，谁也不肯先离开。

我只能说，拿传宗接代当借口、把小孩当挡箭牌已经够瞎了，更夸张的是竟然有女人会深信不疑，而且看到男人又找上门来，就以为一定是"浪子回头"。她们怎么不想想,这叫做"食髓知味"。就像一个强盗,他如果能轻轻松松在某间银楼抢到钻石和黄金,又不会被警察抓,那么他一定还会再来,只因为这间银楼好得手、没麻烦,而不是银楼的装潢很漂亮或冷气吹起来很舒服。

女人通常比较念旧,分手后在情伤中难以恢复,还算值得同情,但当念旧过了头,不断给男人机会用同样的方式伤害你,就是不接受教训、不懂得从失败中求进步,记忆能力好比阿米巴原虫,学习能力还不如黑猩猩,不但无法从无赖男身上得到幸福,而且还可能让自己一再受伤直到支离破碎。等到真正的好男人出现时,如果你已经损坏到无法修补,又怎么能怪人家没有勇气蹚你这滩浑水呢?

罗夫曼问与答

> 前男友要求复合,我该怎么办?

问: 我和交往十年的前男友分手两个月后,他又回来找我,希望跟我复合。我知道好马不吃回头草,可是他再三对我发誓我才是他最爱的女人,还跟我求婚。我今年都三十五岁了,难道要狠心把他赶走吗?万一他是真心的呢?

答: 小姐!就是因为你都三十五岁了,所以请不要拿自己的幸福开玩笑。人通常很难抗拒那个"万一",可是我要告诉你,百分之九十九点九九的男人,分手后不会花两个月的时间去思考前女友是不是最爱,但有超过百分之八十的男人,在分手后两个月内就可以另结新欢、跟新欢分手,然后再回去找前女友。

要不要跟他复合,决定权在你手上,只不过千万别急着现在就结婚,至少要再等个一两年再说。分手再复合,等同开始一段新恋情,正常人应该不会答应一个交往才两天的男人的求婚吧?

罗夫曼不吐不快

绝不收留劈腿上瘾的男人

最近我又听说了一个故事：

一对情侣在一起三年，男方妈妈一直不喜欢女孩子，女方却仍然很努力地想得到家长认同。

后来，男生劈腿搞上一个更年轻的女生，女方差点因此而崩溃，花了半年多时间看心理医生、上辅导课程，好不容易把心情调整好，但是后来男生跑回来要求复合，让女生很高兴。但男方妈妈还是不喜欢她，会跟她儿子说"另外那个比较好"。但复合后不到一年，男方又开始跟"另外那个"年轻妹暗渡陈仓，女生伤心得一蹶不振。

结果还没一个月，男的又来找她了，心软的女生本来想再原谅他一次，不料男生自以为聪明地提议:"如果我们在一起,我妈妈会反对我们结婚,但我想跟你结婚,所以我表面上假装跟"她"在一起,骗过我妈妈,事实上还是我们两个在一起。"这时女生终于清醒了,一脚把男生踹出门,从此不相往来。

别以为这是我编出来的,其实这种故事我每年不知要听几百个,比连续剧还莫名其妙的变态剧情,随时会在你我身边上演!

08

吃"枯草"的男人，对你不会用真心

女人会成为"枯草"，主要来自三个方面。

1. 认知层面：很多女人只要过了一定年龄还没有稳定的感情，就会感到无比空虚，打从心底认为自己已经枯萎，像放在畅销货中发霉的滞销品，好事绝对轮不到自己，所以往往陷入黑暗深渊，只要有一线生机就咬死不放。

2. 外在层面：枯草女通常不是有悲观消极的心理，就是懒到无药可救，她们随便保养、不注重饮食和运动习惯、愈来愈懒得打扮，结果随着年龄增长，外表当然干枯憔悴。

3. 社会层面：对"女人要有独立性"的观念矫枉过正。年轻时忙着读书或打拼，忘记照顾自己女性面的需求,等到事业有成,却已经不懂得如何爱自己了。像某些女老板、女强人,虽然表面上号称"最美丽的女ＸＸ",其实都属于这类"穷到只剩事业",心灵枯竭的寂寞女性。

据我多年来的观察,绝大多数的女人(不管她们承不承认),只会在谈起恋爱的时候才感觉被滋润、有自信,会开始认真打点外形,这完全是本末倒置!想想看,如果男人第一眼看到的是一个邋遢的黄脸婆,怎么可能想跟你坠入情网呢?然后女人又会骂男人都是视觉系动物、没品味、不懂得欣赏她们的内在美和成熟韵味。

拜托!你想打胜仗,平常就要好好练兵,否则即使你聪明绝顶用兵如神,别说想打赢,根本就没有正常人愿意跟你打!因为你连象样的兵卒都没有,对你出手,好像吃饱撑着欺负弱小一样!

所以我一再强调,一个能够做真命天子的男人宁死也不会吃"三草",因为吃三草的男人心态都不纯正。

以"枯草女"为例,当她们重复经历"不吸引人——找不到真命天子——自暴自弃——更不吸引人"的噩梦轮回，标准就愈降愈低，或者干脆走极端路线，设定不切实际的高标准，结果反而会吸引来一些烂男人，表面上的素质很难说，人品却保证很差！但他们懂得利用女人缺乏安全感的心理，会耍花招把枯草女哄得服服帖帖。目的不是为了钱，就是为了得到权力，当然不光指世俗可见的实质权力，也包括支配女人的控制权。

我认识一个白手起家的成衣店老板娘，她早年结婚又离婚后，花了十年的时间打拚事业，大约四十岁，虽然外表看起来光鲜亮丽，可是连她自己也知道，无论她的身材、皮肤和健康状况都大不如前，多年来除了工作也没有其它的兴趣。

有一次和她聊到感情生活，她说以她过去的不愉快经验，加上现在的年龄和成就，如果没有遇到一个绝顶优秀的男人，就不想再结婚了。听了这番话，我却很替她担心，尽管她说得坚决，以我对她的了解，深知她内心是很寂寞的，要是硬替自己设定一些条件，反而容易落入爱情骗子的陷阱。

过了几个月，她和自己店里的员工谈起了恋爱，男生的确很"优秀"，年轻、能干、长得帅，谈吐彷佛也很成熟的样子，但我就是觉得很不妥当，而且当初是男生主动展开追求。我私下劝过她，她竟然回答："比我年长又事业有成的男人，都情愿娶二十几岁的小妹妹，我还不如投资在潜力股上。"

这下我就知道糟糕了！当女人说出这种话，表示已经放弃，根本等于一块躺在砧板上的肉！后来果然听说她把小男朋友升为店长，把店里的大小事都交给他管，又让他搬进自己买的房子，过起同居又同事的生活。

接着男友还对她说，她的年龄问题比较敏感，如果想说服他父母顺利结婚，最好能先怀孕，结果一个堂堂的女老板开始窝在家里怀孩子。我最后一次碰到他们，惊觉她变得比实际年龄还苍老，而相对于她处处贴心地为他递茶、夹菜的体贴，男生只顾着对我滔滔不绝，还隐约有种不耐烦的优越感，看起来根本就像母子一样！

唉！我根本不需要超能力就可以预言，再过没多久，那个神气的小白脸不是会为了年轻貌美的辣妹抛弃她，就是还顺便掏空她的资本，让她人财两失又自尊破碎，永不翻身。

如果换一个正派的年轻男人，他也许会仰慕风韵犹存的老板娘，但不会利用她的弱点往上爬。当真命天子候选人喜欢上枯草女，通常有两种作法：如果是比较怕麻烦的，为了不伤害对方，反而会跟她保持距离，当一个知心好友；要是真的非常喜欢她，有心想跟她在一起，就会鼓励她找回自己、建立自信，从内美到外，等到女人不再是枯草，才会快快乐乐地吃下去，毕竟再君子的男人也是人，即使不偏好"嫩草"，至少也要吃"活草"啊！

对心身不够强健的女人出手，是趁人之危、占她的便宜，而不是真爱。只有被童话故事严重洗脑的笨女人，才以为即使自己干枯到可以当柴烧，还会有王子骑着白马来拯救她。

要是你不幸已经沦落到"枯草女"，我必须请你暂停一切关于真命天子的梦想，先把自己调整好再说！多花一点时间关心、充实自己，别满脑子想着要赶快抓住一个男人。因为在这种状况下，遇到烂男人的机率是压倒性的高，就算哪个好男人不小心被你缠住，实际上你也留不住，反而会毁了得到真命天子的机会。

至于那些明知你是枯草，却还是急于把你吃掉的男人，我想你已经很明白他们背后的心态，也就不用浪费时间在他们身上了，为了避免他们把你仅存的精神、信心，甚至金钱榨干，最好的作法当然是三十六计，走为上策。

罗夫曼问与答

> 就是不甘心,该怎么办?

问: 我当然知道"走"是最好的选择,可是我已经对他付出了那么多,婚也结了、孩子也生了,就是不甘心白白走掉,我该怎么办?

答: 在营销学的理论中,假设我们已经投入大量资金在某样产品上(像是栽种新品种的苹果),完成阶段却发现产品跟理想不合(长出来的是橘子)。一般来说,这个计划并不会中止,而是再怎么样也得撑住场面让产品发表(对外会宣称:我们本来就是要种橘子),然后赌一把,卖得好就赚到，没人会管你本来种什么。

可是在感情的世界不能这样玩，你哪有那么多的资本可以用来撑场面？

"不甘心"其实是种不负责任的说法，你不可能到今天才发现他是个无赖男人，早在你结婚前，你就一定会发现一些东西，走到现在这个局面，是因为你事前没有审查清楚，就像投资股票却没有好好分析过股市一样，也没有设定止损点，所有的投入都凭感觉、靠运气，所以才会惨赔，觉得"不甘心"。你难道不认为除了你自己以外，没有人必须负起这个责任吗？

止损点早在踏入恋情前就该设定好，并且要严格遵守。比如说，对方害你增加三条皱纹，那你就该认赔杀出了，不必拿自己剩下的筹码继续赌。因为不甘心，非要跟他拿到名分或钱不可？拜托！继续耗下去只会让你的皱纹增加，而皱纹愈多的女人，愈难从男人身上拿到好处，这是古今中外不变的定律，比营销学的历史还渊远流长。

我并不会怂恿你离开他，这种事只有当

事人自己能去决定，更何况你有小孩。只是在心态上，请不要继续用不甘心当作挡箭牌了，你一定想要从他身上捞回补偿，最后只会让自己愈陷愈深，输到倾家荡产。

09

荷尔蒙冲脑时，离异性好友远一点

几年前的一个晚上，有一个年轻男性朋友打电话给我，说他再过一个月就要结婚了。从他的声音里我听不到半点喜气，反而有种刚踩到狗屎的感觉。最奇怪的是，之前我都不知道他有女朋友，怎么会突然冒出一个新娘子呢？

逼问之下他才吞吞吐吐地说，那是他一个从小学时就认识的女性朋友，感情好得几乎像亲兄妹一样。他曾经有个前女友，认为他们之间有暧昧而提出分手，但是他从来不觉得这份友谊有什么不对，和那个女生一直维持无话不谈的好交情。

后来女生有次失恋，两人到便利商店买了酒去他家，让她好好地吐苦水，但两人都喝醉了。在酒精的作用下,两人竟然糊里糊涂地发生了关系。本来他打算从此绝口不提这件事,偏偏就是那么倒霉,女生因此怀了孕,在女生一把鼻涕一把眼泪的哀求,还有双方父母的压力下,他只好开始准备婚事。

　　那个男生讲到最后,好像快哭出来一样,不断地对我说他很后悔,他很喜欢这个女生,但顶多只能算是疼爱亲妹妹那样,绝对想不到结婚这种事上,可是女方一副有情人终成眷属的样子,挺着肚子到处宣传她是如何"将错就错"找到了真命天子……我当时真的哭笑不得,不知道他是来报喜的还是来诉苦的,那个女生应该是失恋受到的打击太大,所以脑浆都漏光了。

　　之前我已经提过正派男人会坚持不吃的三种"草"(女人),其实在女人追寻真命天子的过程中,也要有所禁忌。当然,如果你饥渴到不行,真的吃下去了,我也不能逼你吐出来,但后果要请你自行负责。因为你一旦吃下去,那个原本还可能成为真命天子的男人,对你来说从此就报废了,而且更惨的是,可能有一天,你还会眼睁睁地看着他变成别人的真命天子,亲身经历"新娘不是我"的惨痛折磨。

这个禁忌就是在某种状态下,即使你再馋,我建议你最好只吞吞口水就算了,稍微饿一点是死不了人的,但硬是去吃不该吃的东西,被噎死的几率,我保证绝对高于红灯时过马路被车撞。

这种状态就是——一时冲动,这类一时天雷勾动地火,最后引发森林大火的悲剧数都数不清,听过的案例恐怕跟我吃过的米一样多。当人受到荷尔蒙支配,首先会去吃的都是那些随手可及的对象,最常见的受害者,就是女人身边的男性好友。

很多女人有种观念,认为"真命天子必须是自己的好朋友",这句话真正的意义是:你们彼此有让对方喜欢和欣赏的特质,两人之间不但有甜美的爱情,相处起来也很自在愉快,在一起够久之后,建立起难以取代的信任感,感觉对方是自己最要好的朋友。

根据我多年的观察,大部分的女人深受这个观念影响,但她们不知道为什么,多半有严重的解读障碍,根本就把这件事解释错了!直接就扭曲成"要在异性好友里挑选男朋友",不晓得是不是夜店去太多,被二手烟熏到脑硬化。

尤其当女人一失意,或者感情空白期太久,这个想法就会像唱片跳针一样闪个不停,加上异性好友总是在身边陪伴,往往让不少女人昏了头,只要对方不小心用"温柔"或"善解人意"触动女人的情欲按钮,她们就会从可怜的小猫变身饥饿的母老虎,直接把好哥儿们当成绵羊,扑倒吃掉。

但是这种感情模式,大部分不但不得善终,还会让你死得很难看!像那个被女性好友吃掉的男生,一开始就结得心不甘情不愿,从友情直接升华到亲情的婚姻也只勉强维持了两年。孩子出生后没多久,女方就延续过去的相处模式,完全把老公当成毫无地位的心情垃圾桶、司机、打杂小弟,两人又过着无性生活(男生完全没有碰她的欲望),最后女生受不了了提出离婚,才让他松了一口气。

结果离婚没多久,男生认识了他的真命天女,深入交往不到半年就闪电结婚了,至今生活美满。听说他那位前妻兼前好友为了这件事,气到差点喷鼻血,后来还会不时酸溜溜地抱怨,为什么跟最好的朋友结婚却无法顺利维持,她等着看他的婚姻还能维持多久!

人与人之间的关系是很微妙的,有些人一辈子就只适合当你的好朋友,你可以跟他分享所有的心事和秘密,毫无顾虑地做你自己,可是不管再能聊,甚至和他讲电话讲到你家人都想把电话线切掉,也不代表你能爱上他。

友情深厚到一定程度,的确可以成为"爱",但跟和真命天子共享的爱情又是两回事,如果你因为一时没想清楚,硬要打乱原本这个关系,反而会把原本珍贵的友情葬送了。

所以说,真命天子总有一天会变成让你自在面对的男人,但不是每个让你觉得很自在的男人,都能变成你的真命天子。以我朋友的前妻来说,如果她对他有爱情式的悸动,可以好好以不同的身份培养新的感情,说不定能成功,但她就是因为失恋一时冲动,完全没想清楚,急着把好友吃掉,最后不但没了真命天子,也失去了一直支持她的好哥们儿

（而且事后还故意等着看人家失败）。

　　我只能说，敢爱敢恨又容易冲动的女人，虽然容易犯错，却还算迷糊、可爱，还有的救。但犯错后要是不懂得反省自己的行为，甚至还见不得别人好，恐怕只能永远在欲海里漂流了！

男人真相大公开

史上三大最差把男手段

我有时会听说一些"把男秘招"的发明人（或帮忙传播的人）总是很得意，好像使用这些招数，就一定能帮你把到男人一样。我发誓，我罗夫曼永远也不会叫女人用它们去把男，因为这些招数都很差！你可以拿它们骗骗没有见过世面的小男生，但成熟的男人只要看到这些招术，根本就懒得理你！

1.假传圣旨

范例1："算命的说我跟水瓶座的男人很配哦……"
范例2："菩萨（或上帝、或对方过世已久的奶奶）托梦给我，说我们两个应该在一起！"

> 不要笑！真的有一些女人会拿这种方法来把男人。当然，我不否认这一招在民风纯朴的地方很管用。而且，如果你的动机是善意的，用下去也还算别出心裁。但请不要对每个你喜欢的男人都用这招，给人这么迷信的印象，总有一天，人家会开始怀疑你是不是乩童！

2. 披着羊皮

辨识原则：把每个男人都称为自己的好哥儿们

> 我记得年轻时，虽然很容易被白白嫩嫩、头发很长的女生电到，但只要发现她会耍心机、爱利用人，而且贪得无厌，是披着羊皮的"女狼"，马上就会倒尽胃口。那种喜欢把每个男人都哄得乖乖留在身边的女人，招数真的很低能，超过二十五岁的男人如果会被她们哄住，根本是智商有问题，那种男人钓到以后能干嘛？但有些女人就是偏好水平不够的男人。

3.怀孕逼婚

辨识原则:故意"忘记"安全措施

怀孕逼婚这一招也只吓得住二十五岁以下的小男生,顶多到三十岁。超过三十还被唬住的男人,不是"负责任"而是"没大脑"。

如果一个男人连娶不娶你都得靠你用身体去赌,婚后你需要赌的东西可多了!而且赌注会愈来愈大,你真的玩得起吗?名人会奉子成婚是面子问题,还有一些偶像是本来就想婚,趁机合理结婚,一般的熟男大多无赖,谁会让你那么容易得逞?别傻了!

10

名草有主，请你赶紧踩煞车

在酒会上，她一眼就看到那个小开被几个画着黑色烟熏妆的年轻辣妹包围住，小开似乎露出很无聊的表情。她甩甩头发，直接踩着十五公分高的细跟凉鞋走过去，毫不客气地左拐右撞，把小开周围的"狐狸精"都挤开，然后像超级名模一样跨步站好，摆出夸张而曼妙的身材曲线，让小开的视线忍不住落在她的身上。

"嗨！陌生人！"她对他抛了个媚眼。他吞了一大口口水，当场就想带她找个地方开房间……

别误会！我可没有改行去写色情小说，前面发生的都是真人真事，那位身材姣好又"主动"的女生是我的朋友，我所描述的就是我亲眼所见——她和她老公认识时的状况。为了要从一堆辣妹中脱颖而出,她那天晚上拚命挤乳沟、露大腿、搔首弄姿,我远远看着那些辣妹一副很想把她拖到角落痛扁一顿的表情,真为她捏把冷汗。

记得老一辈的人常说"女人千万不要太好强",这句话听起来也很有沙文主义的嫌疑。但我必须说,这些年来见过那么多"性格刚烈"的女中豪杰,最后都成了受人缅怀的"先烈"、情场上的炮灰。其实不论男女,当一个人很好强,就很容易被别人挑衅,然后卯足劲想争一口气。

当然,人人都有赌气和争强好胜的时候,即使一个平常看起来很温柔有修养的女人,被踩到痛处时的倔强程度和反弹威力,可能比核子弹爆炸还严重。但是,至少你必须记住一个要点:当你处于这种被挑衅(不管别人是有意或无意)的情形时,千万不要去逞强。

道理很简单,为什么激将法通常很有效?因为人受到负面情绪刺激时,负责掌管理智的左脑会呈现运转不良的状态,也就是说,你的理性判断力当机了！就算找比尔·盖兹也救不回来，在这种情况下，往往只会做出损人不利己的蠢事。

我的那位朋友，她从小就不服输，听说这辈子只考过一次第二名，让她很认真地考虑要在房间上吊自杀。好强的个性适度发展，尤其用在学业或事业上是一种优点，可是太过分或者套用在感情生活中就不太妙了。

她长大以后，果然养成了很奇怪的癖好——特别迷恋有很多女人喜欢的男人。在她婚前十多年的情史中，用来"跟别的女人战斗"的时间，大概比"专心谈恋爱"的时间多出十倍。想也知道那种被女人宠坏的男人，往往缺乏身为真命天子最重要的良心，所以就常听说她被利用、被劈腿，然后被抛弃的下场。

然后她遇到了小开，一开始，胜利的快感比恋爱时的心动还让她满足，但半年后两人间的问题渐渐浮现，她才发现两个人其实并不相配，也许主动分手比较好。正在这时，她高中时最要好的姊妹淘突然寄了结婚喜帖给她，又挑起她的竞争心，因此，她不顾自己内心的警告声，努力装出愿意容忍小开的样子，加上大量的低胸上衣和娃娃音攻势，整整嗲了一个月，最后成功得到小开的三克拉求婚钻戒，刚好可以戴去姊妹的婚礼献宝。

你想她的婚姻会幸福吗？鬼才相信！她为了赢过姐妹淘而抢到那枚钻戒的同时，就已经注定要作怨妇了，婚后的她愈来愈不快乐、愈来愈不服输，后来更为了绑住老公而拚命生了孩子，却罹患产后忧郁症，最后得不到老公的心也离不了婚，因为生病，连饭碗也丢了。

根据我的观察，不服输的女人除了会笨到赔上自己的幸福，也常会牵连姊妹淘或亲姊妹下水。有些女人表面上看起来和姊妹的感情很好，事实上对姊妹却是有心结的，甚至还怀抱嫉妒。所以很可能会去吃掉（或企图吃掉）姊妹淘的男友或老公。

万一你有这样的问题，我诚恳地建议你，最好先跟对方疏远一阵子，然后去心理医生那里哭一哭。我真的很懒得浪费力气去解释这种行为"到底有什么不对"，只能告诉你，你会面对三种可能的后果。

第一,那男人还算是个人类,他会慎重地拒绝你,但也从此看不起你,而且很有可能唆使姊妹疏远你,你不但输了自尊,也丢了友情,更有机会伤害到自己的名誉。

第二,他很快乐地被你吃掉(也许是把你当成离开女友或老婆的借口),可是你吃了他以后才发现,他比你想象中的难吃多了!继续吃下去可能会上吐下泻,但他又不愿意那么快放走你,像一块已经被吐在公交车椅垫上的口香糖,死也要黏着你的屁股,想甩也甩不掉。

第三,虽然他很美味,也说了很多甜言蜜语让你觉得他是你的真命天子(比如"我们相见恨晚"、"我跟她继续在一起只是为了道义"等等),其实我要告诉你,他根本是个不折不扣的无赖,既然你可以这么容易就把他抢走,有一天他也可以很随便地被别的女人抢去,俗称"报应"。

寻找真命天子时,维持平常心是很重要的,因为要客观地判断一个男人适不适合自己、人品合不合格，至少你的心态和状况不能有这么病态的偏差。

不服输的心态人人有，但讲到感情，就不能用胜负的心态去看待，否则好胜心就会像滚雪球一样，最后成为特大号的蛤仔肉、生蚝肉，甚至鲍鱼肉，紧紧黏住你的双眼。

女人的坚强 VS 好强

你是温和、自信的坚强女性？还是单纯的好胜心重、不服输？现在就来比较一下坚强与好强的差别吧！

搭公交车时	坚强的女人	通常会让位，但自己如果真的不舒服，就不会勉强。
	好强的女人	会有两种极端的反应： 1. 争先恐后，一定要抢到位子。 2. 就算快要昏倒了也要坚守礼让原则，表示你"很有教养"。

购物时	坚强的女人	很有原则,逛商场只买自己需要的东西,不容易被店员的说词煽动。
	好强的女人	对"限时抢购"没有抵抗力。 浏览商品时,如果有别人伸手过来翻动你在考虑的东西,你会很不爽或马上决定买下(即使你并不需要)。
和人相处时	坚强的女人	只要对方没有踩到你的底线,自己吃点小亏没关系,但如果对方太过分,你会技巧性地讲出来。
	好强的女人	虽然不喜欢当小气鬼,但常忍不住暗自跟别人比较。 最痛恨别人模仿你。 有仇必报。
工作时	坚强的女人	勇于接受挑战,但不会高估自己的能力。
	好强的女人	抱持着"为了让人刮目相看,把自己累死也无所谓"的悲壮决心。

寻找真命天子时,你要避开的六大地雷区

谈感情时	坚强的女人	永远不会因为赌气而和某人交往。
	好强的女人	最理想的关系,是和对方处于对等的立场。无法忍受老公或男朋友比别人的另一半差。不想被自己的男人看扁。

罗夫曼问与答

让人又爱又恨的姐妹淘

问：我的好朋友不管是事业、感情或平常生活中的事情，都会摊开来和我比较，我知道她其实是个善良的人，平常也相处得不错，就是不喜欢她"爱比"，我应该怎么做呢？要坦白跟她说吗？

答：千万不要！每个女人都会有一两个比较好强的朋友，你不可能见一个杀一个，跟她们都绝交。好强的女人也难免会偷偷把自己和朋友的状况拿来"超级比一比"，但底限是：不可以让这种比较感浮上台面！如果对方已经让你不自在了,还是跟她维持一点距离比较好,不健康的好强会引发嫉妒,嫉妒又会害人做出许多没人性的事情。至于坦白说出来,以对方的好强个性,她不但不会反省,还会恼羞成怒,别忘了好强的人报复心也是超级的严重!

11

遇到落魄的男人，请直接打入全额交割股

我有几个女性朋友的"品味"很特殊，她们喜欢在男人处于低潮期的时候（像是失业、事业遇到瓶颈、有家庭压力等）去亲近对方，向对方示好，理由是男人低潮的时候，防卫心比较低，也没那么高傲。

老实说，我每次听到她们自以为聪明的论调都觉得这简直是谬论。男人落魄的时候，是女人最该远离的时候。

可能有很多女性读者认为我在白打嘴巴，罗大曼不是一天到晚强调"想好命的女人，不是要懂得'逢低买进'，而且在男人落魄时要不离不弃"吗？拜托请把因果顺序看清楚一点！挑男人的时候，的确要选"潜力股"（所以我才说必须培养看男人的眼

光),也就是现在还不够成功,却有成功资质的好男人,并没有要你选一个霉运附身的男人;而当你已经跟男人在一起了,万一有一天他突然破产,要是你直接拍拍屁股走人,我就会说你是没人性的势力女人,注定歹命。

但如果你还没有和对方在一起,只是觉得同样有几个条件不错、可能适合当真命天子的男人,当然是落魄的比较好得手,那我要告诉你,就算他的资质再好,你也一定会歹命!而且能不能真正得到他还很难说。

这种行为说穿了,大多是趁人之危,你根本没有自信和一个条件够好的男人平起平坐,怕他在正常的标准下看不起你,所以才会"柿子捡软的吃",趁他还没被其他女人发现前,赶快吃下去藏起来。另外还有很多女人,同情心泛滥的程度比黄河决堤还严重,看到落魄的男人就像看到路边可怜的小猫、小狗一样,非得捡回家好好疼爱不可。

我的一个好朋友就曾犯下这种错误。她是个很有慈悲心的温柔女人,笑口常开,人缘好到不行,但就是典型的爱心过剩。我记得她最经典的前男友，是一个除了身高不高，其它无论学历、姿态、眼光……什么都很高的男人。当时他的事业面临严重危机，同行的后辈一直崛起，早就把他这个前浪推到沙滩上了，我朋友当然又母性大发，爱上这个曾经呼风唤雨的落魄男，几乎用倒贴的方式坚持跟他交往。

　　一开始时相处得很融洽，男人都有恋母情结，差别只在于恋母的程度而已，被一个温柔熟女当心肝宝贝一样伺候着，对很多男人来说，绝对是一种享受。可是过了没多久，就听说她想资助男人做生意，要借一大笔钱，认识她的人，轮流打电话去告诫她万万不可，也没有人愿意借她，她只好抵押自己的房子跟银行借了钱。

　　那个男人的确满有一套的，得到她的金援，事业又做起来了，有几个女性朋友本来很担心她会人财两失，但男人很快还了钱，让她们松了一口气，认为她这下子终于苦尽甘来，可以舒舒服服地结婚去，得到那顶"老板娘"的皇冠。而她也有结婚的打算,就用男人还的那笔钱付了头期款,买下一层新的房子。

只可惜两人搬进去还不到半年,感情就变了质,男的愈来愈晚回家,她本来下班时间就晚,所以一开始还没有注意到,后来发现,他几乎都三、四点,有时甚至快天亮才会回来!一问之下,发现他已经另有新欢,对方是他在夜店认识的大学生辣妹。

我朋友当晚就哭哭啼啼地收了行李回旧家,打电话找我哭诉,我听了觉得不对:出轨的是他,为什么她要搬出去?她嗯啊了半天才说出来,当初她竟然自愿把房子登记在男人一个人名下!害我一时忍不住,当场劈里啪啦痛批她十分钟。

我怀疑,很多女人是不是被一些感情的金科玉律洗脑,洗到毫无思考能力了?没错,为所爱的人牺牲奉献和忍耐,是一种值得被赞扬的美德,可是不代表你非得找个人练习你牺牲忍耐的功力不可。很多女人母性膨胀,错把同情当爱情,结果却发现,他对你有恩情,却没有半点爱情。等他的状况开始好起来了,就会离开你,因为对他来说,你是个像妈妈一样的休息站——他对你予取予求是应该，你祝福他往后的人生一帆风顺是活该。

而且我必须说，很多女人并不懂得男人的心态，其实男人非常在意女人看到自己的丑态，尤其是刚开始交往的时候，总是希望以最帅气或迷人的形象见人，如果刚开始交往时他落魄得跟条癞皮狗一样，你却见猎心喜硬是要跟他在一起，将来他一看到你，就会回忆起自己曾经落魄的样子。到时候，他才不会心疼你曾经跟他吃苦，而是想把你甩掉，以免随时想起过去的创伤。

在男人低潮、落魄、走霉运的时候，当然比较容易吃掉他，可是这个状态跟逢低买进是完全不同的，愈是从高位掉下来的男人，就愈容易视低潮期为耻辱。除非你们是刚好遇到，你并没有刻意选择这个落魄男，相处时仍然很自然地把他当平常人，否则等他再爬起来的时候，绝对连头也不回，会毅然把你跟他不名誉的过去埋葬掉，对女人来说，根本一点都不划算。

逢低买进 VS 趁人之危

"逢低买进"的确是得到真命天子最有效的方式之一,可是对男人来说,在某些状况下你对他示好,就是"趁人之危"!你一定要懂得分辨什么行为是巧妙投资,什么行为只会弄巧成拙。

男人的状况	逢低买进	他有实力,但是从来没有很大、很完整的成功经验。
	趁人之危	他曾经是个呼风唤雨的男人,只不过现在一时失意……

男人的心态	逢低买进	虽然可能因为时机不好、怀才不遇而气馁，却仍然相信自己有机会爬起来。
	趁人之危	通常会对过去的风光念念不忘，认为自己走霉运、犯小人。
他最讨人厌的一句话	逢低买进	什么时候才轮到我……（只有特别消沉时不小心会说溜嘴）
	趁人之危	以前当我吃香喝辣的时候，某某人都不知道在哪里呢！
你的心态	逢低买进	看中的不是他的才能，而是他的本质，"未来潜力"只是赠品，对你来说并不是首要条件。
	趁人之危	这种男人比较好上手，将来自己可以少奋斗十年。那么威风的男人，沦落到这个地步真的好可惜……

寻找真命天子时，你要避开的六大地雷区

你的最佳对策	逢低买进	温柔而坚强地支持他,适时给予鼓励,你必须比他还有耐心和信心,千万别啰嗦!
	趁人之危	为了你的幸福与健康,尽量别对这种男人抱持希望。但如果你真的很想跟他在一起,也请调整你的想法,绝对不要把他扶起来后就准备坐享其成,当然,就算你做得再漂亮,他还是有很大的几率不会知恩图报。

PART. 03

转换思考模式,
　　　真命天子就在你身边

12

"爱情学力"只有小学程度，就别急着读大学

我发现有很多女人是爱情学校的"万年留级生"，在情场闯荡了十几二十年，但是爱情方面的"学力"永远停留在小学程度。问题是，她们一直误以为经验就能换取实力：明明"阅人无数"，为什么还是轮不到自己享用真命天子和真爱的快乐？

如果你也有这种困扰，我只能说你太自以为是了。就像上学一样，谁说你每天乖乖坐在教室里听课，期末考试保证会通过？该学的东西没学会，你就是会被留级，读到两百岁也进不了大学。

我有一个年轻女性朋友几个月前结束了她的短命婚姻。在结婚前，她曾经有一段长达八年的同居生活，对身为人妻的"日常业务流程"熟得不能再

熟。可是，进入婚姻后，这些技术面的东西完全不管用，她前夫才不管她有多"贤慧"或学历多高。我想是因为她在情感上完全无法抚慰到他，对他来说，她就像他们家那台从国外进口、很贵、很漂亮的全自动智能型吸尘器，是工具兼摆设，绝对不是老婆。

婚后不到三个月，她发现自己毫无存在的意义，偶尔打扮得漂漂亮亮跟前夫一起出门去应酬，是她仅有的利用价值，两个人的关系从此每况愈下，开始无话可谈，半年后更连亲密生活都停机，最后前夫跑到外面花天酒地，她就顺理成章地把婚给离掉了。

那时候她跑来找我哭诉，我很婉转地告诉她，她的婚姻到底失败在哪里——她还像个住在高塔里的小公主，对爱情抱持不切实际的妄想，根本不知道自己想要什么，纯粹为了结婚而结婚，结果当然选到一个价值观跟她天差地别的男人！她一副遭到背叛的委屈弃妇模样，其实我反而同情她的前夫，虽然他不该去乱搞，但娶到这么幼稚的女人真是倒了八辈子的楣！长期跟一个内在感情程度如同五岁小女生的女人生活在一起，不疯掉才怪。

不幸的是，这位爱情幼稚班的超龄老学生根本没听懂我的意思！没多久听说她开始"勇敢追寻第二春"，很明显又依照自己的妄想挑了一个对象，但这次算她走运，对方一下子就判她出局。不过倒霉的是我，因为她又跑来跟我诉苦，说她完全想不透，凭她的美貌和十年的"高级"实战经验，怎么还会连肉体接触都没有就被甩掉！唉！我只差没当场吐血给她看，真的很想跟她收取昂贵的谈话费，以弥补我受到摧残的耳朵和心灵。

要是连她的爱情史都能叫做"高级"，那满街都是爱情之神了！谈感情的心智年龄和态度不成熟，不管同居或结婚再久，都还是在玩扮家家酒。她的同居生活之所以能撑那么久，是因为她前男友跟她一样幼稚，当然会玩得很开心。

我曾经听过一个历尽沧桑的男性前辈说过，最可爱的女人都拥有一颗赤子之心。那句话的意思是说，一个女人对生活和感情都充满热情，心态上是完全成熟的，只是反璞归真，在表现上显得很天真无邪而已。

爱情分很多层次，最低级也最幼稚的，当然就是用"本能"去谈恋爱，这不只是"看外表"和"下半身主导"那么简单，还包括纯粹凭自己高兴（情绪上的本能）、用自己心中的迷思和情结去选对象；稍微高明一点的，就加入了所谓"理智"的部分，会思考彼此在一起的未来性、考虑到价值观和共同目标的问题，这样谈感情踩到地雷的几率比较低。但仍然属于不够圆满的爱情态度。

最高层次的感情观，当然是要把自己那些没什么水平的问题都先搞定。比如说，你的经济独立性、你的情感依赖性、你内心坑坑巴巴的缺陷和阴影、你对感情的执着，等到那些都处理好了之后，自然可以用很超然的眼光去挑选合适的对象，女人在这方面的直觉其实很厉害，前题是，你要把绊住这份直觉的石头都移开。

我常听到有些女人搞不清楚状况，说自己不爱钱也不在乎三高，挑对象"完全凭感觉"。拜托！你以为那样很浪漫、很脱俗、很伟大吗？大部分的女人都把"被本能控制的感觉"和真正的直觉混为一谈,如果你用那种低层次的感觉来挑男人,我还情愿你只爱钱,至少还有机会拿到一点遮羞费。

你的爱情学力,也就是看待感情的心智年龄,是左右爱情成功的一大关键,不能说你已经都三、四十岁了,内心还像十三、四岁的小甜甜,生活中充满粉红色的玫瑰和泡泡,然后再去找个小王子来浪漫一下。心智年龄最好跟你的生理年龄一样,至少也要跟"看起来"的生理年龄一样,当这两个年龄一致时,就会在现阶段找到适合的人,谈一场适合的恋爱。要是忽略了现实,拿一些幼稚的妄想去建立自己的关系,就像一个已经不再青春的女人硬要去拉皮,就算医生技术再高超,年轻的小弟弟看了也会觉得奇怪,在适合做真命天子的成熟男人眼里,你更是不折不扣的怪物。

自我评量

测试你的爱情学力

你的爱情心态成熟吗？层次够高吗？会不会因为内心的杂质，让你在情路上像无头苍蝇一样乱飞乱撞呢？马上就来快速测试一下你的爱情学力程度！

1.你想买一双很漂亮的鞋子，试穿后发现小了半号，现场又没有大一号的，小姐跟你说，她可以用撑鞋器帮你把鞋子撑大，你会如何抉择呢？

a.放弃这双，但是把整间店其它的鞋子都试穿过，非找到可以买的鞋子不可。

b.那就不买这双了，去逛别家店，搞不好有更好的。

c.问小姐有没有大一号的鞋子可以调货，等你下次试穿完再决定。

　　d.因为鞋子太漂亮了,就直接付账,请小姐帮你把鞋子撑一下。

2.如果让你改写睡美人的童话故事,你最想改掉哪一段?

　　a.睡一百年太久了,改成睡十年就好。

　　b.其实有两个王子曾经为她决斗,赢的那个才得到把她吻醒的资格。

　　c.王子们都太逊了,她睡饱就自己醒来,离开城堡四处去探险。

　　d.现在这样就可以了,为什么要改情节?

3.假设你自己一个人住,中了一笔两万元的奖金,你会把主要的预算花在?

　　a.换掉坏了的电器、买一张新茶几……

　　b.添购个人衣物、鞋包、化妆品之类。

　　c.景气这么差,当然是全部存起来!

　　d.赶快去买梦想已久的Wii Fit(健身游戏机)!

4. 假设和你交往半年的男朋友突然被你抓到劈腿的证据,你的反应是?

a.这么差劲的人,我要拚命想他的缺点,赶快忘记他。

b.真是遗憾,希望他跟那个女人会快乐,我退出。

c.赶快告诉你们两人所有共同的朋友,这种人渣应该予以排挤。

d.晴天霹雳!我至少要休养三个月才能恢复。

计分表:

	a	b	c	d
1	0	5	3	1
2	3	0	1	5
3	5	1	3	0
4	1	5	0	3
合计				

测试结果：

16分以上 ▷ 爱情高中生：你的爱情学力已经有很高的水平，整体来说理性与感性是很平衡的，找到真命天子对你来说只是时机问题。不过，别忘了，找到以后也要用同样的心态去经营。

11分~15分 ▷ 爱情初中生：你的心智年龄不算完全成熟，但只要修正一些小习惯就好，别太强调用头脑去判断每件事，在感情的世界里，大脑并不是一切！

5分~10分 ▷ 爱情小学生：你可能还没脱离少女时期的思考模式，大部分的时间也属于比较冲动或我行我素的状态，虽然爱情是火热的，想得到"理想的爱情"还是要冷静一点比较好。

4分以下 ▷ 爱情幼稚班：我真的由衷希望，你还没有跟任何人进入论及婚嫁的地步，因为你仍然处于对自己都一知半解的状态，根本不适合踏入稳定的关系（除非对方跟你一样幼稚）。建议你重新开始审视自己在感情中的态度，调整心态比急着拿到男人的承诺实际多了。

13

把"旧伤口"清干净,你才知道需要哪种男人

　　还记得几年前,我家隔壁住了一家四口,我和那个念大学的儿子算是混得满熟的,他姐姐长得非常漂亮,乍看之下像香港的美女明星李嘉欣,可惜的是,脖子以下完全不能看——身高不到一百六十公分,体重目测却大约有八十公斤重!

　　根据弟弟的说法,妈妈是家庭主妇但很强势,连老公都怕她怕得要死,对小孩保护过度,认为外面有很多坏男人想占女儿的便宜,直到女儿上了大学还是规定她每天五点半前要回家,毕业后也不希望她出去找工作,她每天被关在家里,除了吃东西完全不受限制外,几乎不准她做任何事,连生活用品都要写一张清单给妈妈去买,她只好靠着"吃"作

为宣泄的出口。

老实说，我本来还不太相信，这样做未免也太变态了！但有一天晚上她父母难得一起出门，弟弟就拉着她一起到我家来看DVD，我发现姐姐虽然不太懂得应对，基本上是个很聪明、可爱的女生。只不过才看了不到半小时，突然有人狂拍我家大门，我一开门，他们的妈妈气急败坏地冲进来，像机关枪一样对两个孩子劈头一顿狂骂，然后推了一下眼镜框，斜眼打量我家的装潢，用鼻孔哼了一声挖苦我："你……常常招待客人吧？应该女朋友很多吧？"好像我家不是正经人家。

唉！我实在很难想象，从小就承受这么多压力，被压抑得这么深的女孩子，到底能有什么幸福的未来？我看她的个性非常温顺，可能一辈子都会这样默默忍耐妈妈的魔掌控制。后来听她弟弟说，姐姐当然从来没有交过男朋友，但很迷"F4"的言承旭，无时不在幻想言承旭有一天会来到他们的家，把她接走……

我听到这里，忍不住感到鼻酸，她似乎真的已经"脑袋秀斗"(短路)了,也许一辈子都被关在家里还比较幸福。如果她反抗,甚至离家出走,都这把年纪了却没有半点江湖经验,心里还存在大量迷思,不知道会沦落到什么地步。愈会反抗大人的女生,心里关于真命天子的迷思其实愈重,在判断男人本质的时候,特别会有脑残倾向。

像她这种几乎被老妈逼疯、对男人只会充满幻想的情形,就是因为心里拥有很大的坑洞,造成她对爱情的认知严重扭曲。迷恋偶像不是不行,但不能太超过。二十岁以下的年轻美眉迷恋偶像是很正常的事,因为她们缺乏感情经验,多半只能靠着外在条件挑男人;可是女人过了二十五岁,甚至已经超过三十,如果还用这种方法在谈恋爱,就肯定是有某块"内在坑洞"没补好,结局往往很可悲。

当一个人心中的洞没有补起来之前,所谓的"爱"并不是真正的爱,全都是麻醉药。而筛选男人的标准则是以"恐惧"为出发点,害怕再度被人抛弃(所以会选择很呆的宅男对象)、想逃离父母的控制(却总是会选到跟父母个性很像的男人),我敢保证,这种感情的失败率比走在路上不小心踩到狗屎的几率还高!

我有一些女性朋友,她们虽然没有那种应该送去精神病院的父母,却认定自己以前受过的"情伤"很重,问题是,她们往往会犯一个毛病,就是伤口还没痊愈,已经急着跳进下一段关系里,然后还大言不惭地跟我说起感情上的定律:认真谈过一场恋爱之后,下一个通常不是自己很喜欢的对象!

小姐!如果不够喜欢,你们根本不用跟对方在一起!找一个不喜欢的男人来将就,纯粹因为怕痛而已。但正在伤痛的时候,最忌讳去找一堆麻药男疗伤,这样只会让你看不清楚真正的伤口是什么。

我当然知道,要你在伤痛时去审视内心,自问"我真正想要的东西是什么",是很残酷的事情,但是如果不咬着牙想清楚,下一次你还是会用恐惧当作选男人的基准点,最后用头脑去列一张未来另一半的必要条件清单,而不是用"心"去感觉谁是你的真命天子。

这种计算机筛选法很可怕,与其说是享受恋爱的过程、最后找到适合自己的另一半，不如说是一种"媒合"或讲价，跟拍卖会一样，条件列出来了，价钱也喊妥了，槌子一敲就卖出。透过这种方式得到的不是真命天子，而是一个存在于你妄想中的假人而已。

所以奉劝各位女性朋友，受伤、饥渴、寂寞时，绝对不要去谈恋爱，因为你绝对在用恐惧选人，疗伤的成分远远大过寻找一起共享人生的对象，这个道理就像是饿过头的时候不要去逛超市（会买太多你不需要的食物），也不要吃馒头（因为会噎死）。

无论你刚结束一段不成功的感情，或者想认真找个对象却很害怕会失败，不如先问问自己，到底了解不了解自己是什么样的一个人？还有，真正想得到的是什么样的感情关系？想清楚之后再去寻找下一段感情，会比横冲直撞有效率也安全多了。

自我评量

挑选男人时,你会被内心的哪种恐惧类型支配?

你一个人在森林里迷了路,走来走去天都快黑了,最后来到一个山洞的前面,洞里还传出奇怪的声音,你觉得山洞里会跑出甚么东西呢?

a.可爱的小兔子

b.饥肠辘辘的老虎

c.迷路的登山者

d.看起来很哀怨的幽灵

结果分析：

选a

挑选小兔子的你缺乏自信：你看到那种一副可怜兮兮的男人，马上不管三七二十一就开始滥情，因为你希望证明自己，从中得到成就感。

对症下药：从生活或工作中寻找自己的一片天，可以让你建立自信心，毕竟在别人身上追求的成就并不可靠，对方在你身边可能会感到被控制，小兔子闹脾气时，也会反咬主人一口。

选b

挑选老虎的你希望受人保护：外人眼中的你喜欢冒险和挑战，通常也会优先选择"配得上你"的男人，但背后的恐惧是你觉得自己单打独斗太累了，想得到一个强悍的男人的保护。

对症下药：放下对周围环境的过度的防范心，不要要求自己太完美，你就不会那么累，也能很轻松地自我保护，不必依赖男人的肩膀。

选 c

挑选人类同伴的你害怕寂寞：你很务实，却很难独自去做些什么事，只要没有人陪就觉得人生很空虚，有了男朋友就会忍不住黏着他。

对症下药：你需要的不是男朋友，而是学习跟自己独处的艺术。空虚的个体只会把另一半拖下水，并不能产生美好的化学变化。

选 d

挑选幽灵的你不信任现实中的事物：你可能受过很深的创伤，对"人"的信任感不足，一般来说不容易开放心胸，但如果遇到你的"梦中情人"，反而会胡里胡涂地栽下去。

对症下药：让自己脚踏实地是你的当务之急，真命天子都是有血、有肉、有缺陷的活人，一眼看过去太美好的对象，通常是你想象中的产物，或者对方自己吹出来的形象。

14

不离不弃的缘分，不是月下老人决定的

讲到缘分，很难不跟占卜、算命之类的话题扯上关系。以前我就曾经写过，女人千万不能太迷信，遇到困难不去想办法解决，就算有好运也会转成霉运。

同理可证，有些女人不懂得自我反省，完全没有把自己调整到可以接受真命天子的状态，却没事就跑去拜月老庙、求姻缘签、找人算几时会走桃花运，实在太闲也太有钱了，我情愿叫她们去多买几个名牌包。

聪明的女人都会利用自己的 EQ 来创造好命，而缘分也是可以靠自己的力量创造的。就算你不迷信，我也要请你检视一下自己对缘分的态度，是积

极乐观的？还是消极被动,总觉得缘分就像天上掉下来的礼物,你只能呆呆等着接？当你遇到一个还不错的男人,要是他没有半点表示,你就一口咬定彼此"有缘无分"吗?

很多女人内心都有两个很大的盲点：第一,如果他真的跟自己有缘,两人就一定能走在一起。第二,即使真的遇到真命天子,也要在对方面前尽量表现出好的一面,否则再好的缘分都会被自己搞砸。不觉得很好笑吗？这两者之间是有冲突的！难怪很多女人拜了一辈子月老庙,仍然年年都是孤鸾年。

我认识一个快四十岁的熟女,从来没听说过她跟什么人爱得死去活来的,表面上看来,堪称是我朋友中的"模范生"。但每次遇到她,她都会先抱怨遇不到适合的人,然后又自我安慰：时候到了,对的人一定会出现。

问题是,她几乎每天晚上都排了学习课程,生活未免充实过头了！她去上的又不是品酒或管理,那种可能会有男性出没的课程,每天跟一群女人瞎搅和在一起,把自己的社交圈搞得像男宾止步的女生宿舍。老实说,我不知道她那位真命天子要从哪里蹦出来,希望男主角登台,至少要先Cue(暗示)他进场啊!

有一次,她真的想尽办法变了个男主角出来,但问题又来了:虽然知道对方喜欢她,两人却怎么也混不熟,男人好像穿了五层厚的防弹盔甲一样滴水不漏,害她完全不知道该怎么办,很怕表错情反而会失败。

我听了以后捧腹大笑整整十分钟。唉!不要骂我没有同情心,她以为自己还是高中生吗?(现在的高中生都比她大方)你不去制造机会了解他,却自己闷着头在家幻想,剧情都已经进展到你们的小孩上大学了,两人在现实中的关系还是停在"零"的刻度上。

所谓"有缘无分",指的是实际相处后,发现对方的人品、价值观、生活理念、人生目标等和你不同,或者互动的感觉不够好,虽然有好感,但知道真的不适合,而不是泛指"最后没在一起"。

换句话说,只要没有相处过,你根本不可能知道对方到底是不是你的真命天子。所以要想办法制造互动的机会,才能观察他是怎样一个人,相处得够久了,你自然会知道他适不适合你。

但有些女人认为,自己不符合某种条件,比如说长得不够漂亮、身材不够好,或者学问不够渊博,自认为没有那个门票就进不了场,所以还没去建立那个相处的契机,已经主动判自己出局。

曾经有一个女生听说她心仪的男人不喜欢女人"笨",伤心得要死,因为她就是传说中的笨小孩,傻呼呼的,整个人又笨手笨脚。于是她还没给自己和对方任何机会就弃权,一个人流着泪、咬着手帕躲在角落,眼睁睁地看着男人跟别人交往。

后来在某个场合,我和那个男人聊起她,讲到她"笨笨的",男人竟然露出很惊讶的表情:"不会啊,我觉得她很可爱,要不是当初她好像很讨厌我的样子,我一定会追她!"

我想,那个女生如果知道事情的真相,可能会内伤吐血而死。虽然对方说喜欢或讨厌某种类型,但如果跟你有缘,那又是另外一回事。就算他说恨死女人智障,要是真的爱上了,再白痴他都会觉得你很可爱,所以做回自己就好了。

遗憾的是,我发现不少女人连做自己也不会。几年前我在饭局上遇到一个女强人,她的打扮很突兀:穿着披披挂挂式的奇装异服,头发像刺猬一样竖起,猫熊眼配黑色唇膏,说有多怪就有多怪。听她的朋友说,认识她三年来,没见过她化淡妆、穿得像正常人的样子,最吓人的是,连她老公也没见过她的素颜!

在我看来,她其实不是不敢用真面目去面对"别人",而是不敢面对自己。如果脱去女强人的面具,她什么也没有。很多女生谈恋爱的状态就是这样,因为没有自信面对真实的自己,认为谈恋爱也像高级夜店的嘻哈区一样,穿上嘻哈装才能走进去,只要没有面具就没有自信,也就不敢对喜欢的男人表态,甚至更荒唐的是,故意迎合对方的喜好。到最后,不是彻底失去自我,就是弄巧成拙,反而让对方觉得你很不自然。

真正的"有缘分",绝对不是像偶像剧演的那样一见钟情,或者发生很多戏剧化的插曲,完全靠老天爷赏的机缘来培养感情。如果没路,你可以主动去开路,就算一开始跌跌撞撞,最后还是能共同度过,因为个性真正契合而在一起,也就大有机会牵手走完一辈子。

　　要知道,你和一个人的姻缘是有保鲜期限的,真命天子也有保鲜期限,触发了"缘"之后,如果完全不去促成那个"分",有一天,等到你们的缘尽了,当然就散了,怪不了别人。

男人真相大公开

测试他是不是你的"有缘人"

都二十一世纪了,你不可能像盲婚时代一样,到了婚后才开始忍受老公的坏脾气和烂人格,在认定他是真命天子之前,别忘了设计小事件去测试他的本质。

我承认这种方法有一点风险(对方可能会觉得你在设计他),但可以筛选掉约三成的超级坏胚子,绝对值得一试(还是要小心人身安全)!

而且,你要很技巧地去做,底线是:别让他知道你是故意的!

罗夫曼问与答

> 为何喜欢我却又挑我毛病？

问：既然他喜欢我，为什么还要在我面前说不喜欢女人笨？他明知道我很迟钝……

答：记得你读幼儿园的时候，小男生只懂得掀你的裙子来示爱吗？因为他不知道该怎么赞美你的优点，只好故意戳你的缺点，这就像一个人跑到厨房里，却抱怨没冷气，白痴的是他不是你，不用在意。

问：不管我怎么暗示他，对方都没有什么特别的反应，是不是我误会了？他其实对我没兴趣?

答：不排除这个可能性，但有时问题不在你身上。对方没有反应，可能是他还不想接受新恋情，又或许是他已经开始在观察你了(很多男人喜欢来这套，"正式交往"的心理负担太大了！)总之放轻松，你愈自然，他愈容易了解最真实的你。如果他不喜欢你，也就表示他不是你的真命天子。

15

情伤经验，是害你淹死在情海的暗礁

身为一个男人，我最害怕的其实不是那些很主动、很大胆的辣妹，而是自认为受过严重情感创伤的女人。

只要谈过感情，无论男女，几乎没有任何人是从来没受过伤的。但有些人很容易就释怀，有些人，尤其在女人中又特别常见，无法停止把自己受伤的经历挂在嘴边或心上，结果让自己一直不能走出来，也别想展望未来了。

我以前有个清秀文静的女员工，听说本来长了满脸痘痘，戴着一千度的近视眼镜，头发又严重自然卷，看起来一点都不吸引人，男同学都当面叫她"恐龙"。

她高中时曾经收到一封没属名的情书，一开始以为是恶作剧，所以完全没有理会，可是对方不断来信诉说他的倾慕之情：听说她作文写得非常好、总是热心助人、很孝顺父母……那些都是事实，渐渐地，她相信对方随时在某处关怀她，于是回了信。

等了两个礼拜，对方又终于来信了，里面却全是羞辱她的词句，还刻意强调她班上另外一个女同学的好，完全把她的自尊当抹布踩个稀巴烂。这时她才发现自己被耍了，也许她在无意间得罪了某个同学？不知道，但从那时开始，她就对人很恐惧，不敢轻易信任别人。上了大学后，她变成一个美女，更尝到人情冷暖，还曾遇过一个男生追她追个半死，后来发现是高中同校同学，男生想起了"恐龙"的模样，吓到再也不见人影，让她对人性更加悲观。

老实说，心里带着这么深的伤痕，肯定没有办法好好谈恋爱。后来她果然和几个质量粗劣的男人交往过，更让她认定自己是瑕疵品。不过，这女生很可爱，仍然相信爱情，觉得自己要更加努力。

后来我听说她喜欢上一个男生，似乎这辈子都没有这么认真过。问题是,她长期以来的悲观想法,终于像计算机病毒般让她瘫痪当机——对方看起来应该不讨厌她,只是比较内向,迟迟没有表态。照理说,她可以试着向对方示好,鼓励他来追她,但她就是完全没有办法做到!

每次她看到那个男生,头脑就会一片空白,舌头也会打结,原本还满大方的一个女孩子,却总是说出一些酸溜溜的话,让男生觉得她莫名其妙。有一次我听到她和好朋友哭诉,说她实在很想放弃,每一次紧张做蠢事,然后得到男生负面的反应,感觉就像被她所有旧的情伤全部再狠狠辗过一次。

这个女生并不是特例,而且我必须说,她还算是勇敢的!因为她还敢跳入情海再战。事实上,我听过很多女人受过伤以后,就再也不愿意张开眼睛去找真爱,反而抱持着听天由命的态度,觉得人生发给她们什么,她们就吞下什么,嘴巴上又刻意说得很好听,说她们"一切随缘"。

她们真的懂随缘的意义吗?真正的随缘是努力过后,只求对得起自己,对结果则不强求,而不是瘫在家里呻吟、装死，认为命好才会有白马王子来救，命不好就会变成"油麻菜籽"（落在哪里就长在哪里，代表命很贱）。

不久前我读到一篇专栏文章，内容是一个女人明知道和男人有机会相爱，却因为过去不得善终的感情经验，让她情愿当男人的红粉知己，认为那样的关系，就不用害怕"分手"，是一种更长久的爱。

我真的不敢相信！那么多女人齐声嚷着想要明确的关系，最痛恨男人跟她们爱得不清不楚，竟然还有人大剌剌地轻易放弃？我只能说，有一些住在象牙塔里的贵族女性，不太了解人间疾苦。你想要潇洒地当男人的红粉知己，但当他结婚的时候呢？你能同样潇洒地放手吗？如果你做得到，也不认为真命天子是你需要的东西，那么请尽量去成就你们那"永远的爱"吧！

不过，请不要误导对人生仍然充满希望，愿意尝试去得到真命天子的勇敢女性，因噎废食的人，最后都活该饿死！很多受过伤的女人遇到喜欢的对象会采取"打带跑战术"——只向对方示好一两次，要是得不到正面的响应，马上就选择放弃，退回到自己的龟壳里；比较爱面子的女人还可能变得像刺猬，用充满防备的态度刺伤对方。

表面上的吸引力只是第一步，不深入相处看看，根本不会知道彼此是不是自己的真爱。对方一开始拒绝，不代表以后完全没有机会，虽然不是叫你死缠烂打，但如果你把每一次被拒绝的经验都当成失恋，就是把情伤当成龟壳一样永远背在身上。

但我也得承认，"放下过去"说起来简单，实行起来并不轻松，甚至有点辛苦，就要看你愿意投入多少心力在幸福的未来上了。

老实说，大部分身在求偶市场里的好男人，敏感度其实不输女人，要是你不断自怨自艾，他们自动会感受到那种气氛，而不想太接近你，同样是找女朋友，正常人当然会选开朗一点的，但坏男人可就不一样了，他才不管你有没有受过伤，愈是曾经受伤的女人愈有自信问题，这样他才能摆布你，真是求之不得！

结果你就不知道为什么，自己所欣赏的好男人都愈飘愈远，而差男人总是像苍蝇般不断围上来，自信心也就这样恶性循环地损耗殆尽。

　　缺乏自信心的女人，不管外在条件有多优秀，基本上跟真命天子都是完全的绝缘体。

女人生存智慧

治疗情伤的方法优劣大评比

专业两性谘询	优点	治疗方法有严格的科学系统作支持。
	缺点	优秀谘商师大多收费昂贵（除非你是家暴受害者）。
	成本	偏高
两性关怀成长团体	优点	有很多同伴，可以降低孤独感。
	缺点	有太多同伴，容易持续沉溺在情伤情境里，甚至"情伤上瘾"。
	成本	不等

占卜算卦	优点	到处都有,容易找到,时间短(半个钟头内可以见真章)。
	缺点	跟在菜市场摆摊卖拖鞋一样,缺乏质量保证。
	成本	不等
交新男友	优点	麻醉速度快,也有一定的治疗效果。
	缺点	如果找到的不是自己的真命天子,又失败了,雪上加霜会痛得更厉害。而且无法治本,旧情伤只是被压住,不知道什么时候会反扑复发。况且利用别人是一种罪过。
	成本	低(但也有遇到坏人、结果人财两失的不幸特例……)

转换思考模式,真命天子就在你身边

爱上虚拟人物（漫画、小说、电玩等出现的角色）	优点	不怕对方劈腿、背叛、主动提分手。可以自由编写两人之间的爱情故事。通常是没有缺点的完美男朋友。
	缺点	有时会被原作者摆布，作品中出现你的情敌。如果是人气角色，现实生活中的情敌也很多。无法得到真实接触，只好让自己的妄想力愈来愈强，终于成为完全脱离现实的宅女。
	成本	不等
向姐妹淘倾诉	优点	过瘾，方便，成本低，顶多请请客，自己也能享受到。
	缺点	如果姐妹的操守不够，你的惨痛经验会变成很多人喝茶、嗑瓜子时的八卦话题。陪骂的成分远远大于有条理的治疗。
	成本	中到低

面对自我、填补内在坑洞	优点	从根本开始治疗情伤。改善恋爱体质，避免以后又重复同样悲惨的恋爱史。
	缺点	需要靠自己的力量，尤其是意志力（可以适度借助以上所有其它方法，但最后还是要靠自己），相较之下难度较高。
	成本	低

Part.03 转换思考模式，真命天子就在你身边

16

不屑"败犬"理论之前,请检查你的爱情配额

我一直觉得,发明"败犬"这个词的人挺无聊的,把"败犬"理论发扬光大的人更是神经病,比起无聊和神经病,我认为最变态的,其实还是那些一看到"败犬"两个字就火冒三丈,然后开始为自己辩护的女人。

我曾经看过一篇座谈会式的文章,内容是几个轻熟女对"败犬"理论发出怒吼声,拚命围剿"败犬"一词,说自己做人做得好好的何必当狗,还大声强调自己聪明、美丽又能干,酸溜溜地宣称"胜犬"都在嫉妒她们的自由……

说真的,我还真为这些不甘示弱的女人们感到悲哀,这样强烈的反应,显示她们潜意识中其实很

想结婚，又怕结得不幸福，所以才会刻意藐视"胜犬"，也痛恨被人称为"败犬"。

尽管"败犬"是个无聊词汇，但是别忘了，当初那位日本女作家只是把它当成一个社会现象来描述，真正的用意是鼓励女人好好把握青春。除非你完全不想结婚，否则最好趁着年轻、爱情配额还充足时就开始努力，找到真命天子的几率当然会比较高。

什么是"爱情配额"？就是你谈感情的时候非消耗不可的成本，每个人拥有的本钱都不太一样，最基本的一般都包括时间、体力和精神（外表是个很有争议性的项目，不过我必须说，本钱这种东西，有总是比没有好），还有最重要的是——没有太大得失心的平静心情。

一个正在寻找真命天子的女人，只要起了得失心，就表示她的爱情配额所剩无几，不是觉得时间不够用，就是认为自己老了。问题是，愈有得失心，配额消耗得愈快，变成很无奈的恶性循环。一旦配额用光，却还没找到想要的那个人，当然就会认定自己是个"败犬"。

其实,一开始时,每个人得到的配额都一样,可是不用或乱用都会让配额流失,就看你怎么去妥善运用了。很多拥有大智慧的女人,了解自己的极限在哪里,她不会仗着年轻、人漂亮、工作能力又强,就认为自己可以无限度地享受人生。这种女人就很明白"青春无价,但配额有限"的道理,早早就开始为未来作准备。

我有一个朋友就是最好的例子,她不但长得漂亮,而且还不到三十岁就当上了主管,有几个年龄和收入差不多的姊妹淘,一群女生上街时就像《欲望都市》的几个女主角一样神气,把钱全部花在自己身上,时常出入昂贵的餐厅和高级夜店,鞋子要穿名牌货,出国旅行要住五星级旅馆,完全是一副败金女的样子。

每个人都认为她有本钱享受自由,一辈子单身也可以过得很风流潇洒,她却在三十岁生日当天宣言:无论用什么方法,三十五岁之前一定要把自己嫁掉。

最吓人的是，她完全是认真的。从那天开始，一有时间就到处积极认识男生，甚至还报名参加婚友社！简直到了不择手段的地步。一开始当然常失败（条件太好吓到人），她的姊妹都劝她放弃，因为这实在是太没面子了！结婚又不等于成功！但她再接再厉不断努力，花了整整两年的时间，终于在一场联谊中认识了未来的老公，又交往了两年半，刚好赶在她三十五岁生日前举行婚礼。

后来我问她为什么要急着结婚，是不是因为想生小孩？她说其实她和老公根本不打算有小孩，只是她很清楚自己要什么，年轻时的确爱玩，但她也知道自己迟早会走入婚姻，与其混到"来不及了"才急着定下来，不如提早准备，时机到了就开开心心地嫁出去。她结婚已经十年，和老公感情很好，一起存钱买了一栋小豪宅，过着悠闲恩爱的丁克族生活。

反观她的姊妹，年轻时不屑"为结婚而结婚"，根本没专心去留意可能的对象，四十岁之前彷佛能统治地球，然后开始像泄了气的皮球，接二连三地收到下属的喜帖才惊觉事态严重！只是都一把年纪了,拉不下脸去参加婚友社,好不容易像做贼一样偷偷去了,发现好男人奇货可居,根本轮不到她们。

听说其中的一位找认识多年的男性朋友去她的新家"看风水",等到男人一进门,马上把大门关紧,大白天就端出红酒,还嗲声嗲气地要男人帮她看手相……

老实说,我真的不知道对方最后是怎么逃出来的,这不是喜不喜欢的问题,而是女人狗急跳墙的样子实在很难看。这些女人凭着自己的实力骄傲了大半辈子,最后却沦落到这种人见人怕的下场,只能说她们没有远见。要有收获,当然得先耕耘。你不趁着三十五岁之前"卡位",过了三十五岁后最好就心如止水,不要想太多。一个想找真命天子的女人,要是从来不把自己的配额用在这方面,真命天子可不会有一天穿破她家屋顶,直接掉在她床上。

相反的,当你的爱情配额还很够,无论别人怎么看你,认为你应该怎么做,你都要坚持自己的主见,亲自安排人生的进度最重要,即使被人家误会有"败犬"情结都无所谓,只要够了解自己,就不需要向别人证明任何事情,愈是害怕或在意的人,才会刻意向全世界宣布自己很勇敢或不在乎。

我当然反对女人因为害怕变成"败犬",就给自己划出一个大限:无论如何,多少岁之前一定要结婚!最后不是真的变成了"败犬",沮丧得想跳海,就是草率进入不幸福的婚姻,成为遭人窃笑的"伪胜犬"。

但我也要建议各位女性同胞,千万别因为唾弃"败犬说",就忽视"自己的爱情配额一直在流失"的事实。青春貌美的时候,你的额度一定比较宽松,可以让你追求各种感情和生活上的经验,但再怎么尝试挑战,都要知道适可而止。及早弄清楚自己真正想要的是什么,诚实面对自己的选择,就能成为货真价实的胜利者。

自我评量

你的爱情配额还够用吗？

让我们来实际测验，看看你的爱情配额还有多少吧！

1.请问芳龄是？
    a.20 岁以下
    b.21～30 岁
    c.31～35 岁
    d.35 岁以上

2.请问你的外表状态是?

    a.看起来比实际年龄小。

    b.大家都说你愈来愈有韵味。

    c.常常被人问"小孩几岁了?"

    d.随着穿着的风格会有不同变化。

3.假设你忙了一整天,朋友突然打电话约你晚上碰面,你的反应是?

    a.可以,但是不要玩到太晚。

    b.饶了我吧!我情愿回家泡澡、敷脸、看电视。

    c.那有什么问题!

    d.呃,要看去哪里……让我考虑一下……

4.有人说要介绍"某人"给你认识,你的反应是?

    a.太好了,我随时都有空!

    b.先问清楚对方的详细状况再说。

    c.好啊!我喜欢认识新朋友。

    d.反正没事,时间合适就去。

记分表：

	a	b	c	d
1	5	3	1	0
2	5	1	0	3
3	3	0	5	1
4	0	1	5	3
特殊计分:已婚扣5分　有小孩扣3分					
合计				

测试结果：

16分以上：16分以上：你的爱情配额处于巅峰期！无论年龄、外表、体力和心态都很从容，请记住"胆大心细"四个字，把它当作你的座右铭，好好利用这些配额，快乐地去追寻你的真命天子吧！

11分~15分：你的爱情配额状况还不错，但别掉以轻心，请把自己的强项发扬光大，当时机来临时，可以勇敢一点，放手一搏，如果真的很想要真命天子，又何必在意面子？

5分~10分：你的爱情配额已经开始亮红灯了，想找到真命天子得加把劲。除了年龄，其它都可以靠努力争取，不要急躁，放轻松，好好保养身体，尽量让自己积极开朗，你绝对可以暂缓配额流失的速度！

4分以下（含负分）

> 你也知道自己的状况并不好，给你空泛的安慰不如告诉你该怎么办。当外在条件都失去竞争力的时候，你可以选择放下得失心，就算没有遇到适合的对象，一个人也可以过得很好。把心态调整一下（尤其是已婚的你，要调整"面对老公的心态"），很可能会出现令你惊喜的结果！

17

脱掉"束身衣",大婶型熟女也有春天

　　古代人认为"温柔婉约"才是女人该有的美德,这可不是男人的沙文主义,而是有智慧的。因为温柔的女人性格多半比较随和,就算她外柔内刚,至少头脑也比外刚内柔的女人灵活、容易变通,这种女人得到幸福的机会大得多了。

　　一个死脑筋的人,对任何事情都容易形成主观的成见,思想一旦被框架箝制住,要再打破就很困难了。但是寻找真命天子、获得幸福这类的事情是一种开放性的学习,不断修正自己的观念和想法,就像一艘没有卫星定位的船,不可能设定自动导航,得随时根据天气和海象来调整方向和操作方式,不然别说到达目的地,没半路撞到冰山沉入海

底已经很不错了。

不久前我听说一个真人真事,让在场所有的女人跌破眼镜。有一位四十多岁的熟女,其貌不扬、腿短人胖,脸上不但长满雀斑,还有一颗痣,如果头发别上红花,看起来就像古装剧里爱说长道短的媒婆大婶一样。这个大婶熟女平凡无奇,开了一家小吃店,唯一特别的地方就是,她三年前闪电嫁给一个小她十岁、常到她店里吃饭的帅哥业务。

当故事说到这里的时候,同桌的轻熟女和熟女们开始发出不可思议又酸溜溜的惊叫声:"什么?怎么可能?那个帅哥是瞎了吗?"

原来,大婶年轻时受过严重的感情创伤,从此变得非常尖刻,认为男人都不是好东西,口口声声说她不屑于依赖男人,可是她每次出国旅游就会刻意在酒吧里找对象玩一夜情。依我看来,她内心深处还是渴望得到异性的呵护,并不像表面上看起来那么独立坚强。

她一开始的确对帅哥业务有好感,却先入为主地认为自己条件不够好,一定没指望,就把他当作普通的熟客。

但某天晚上她开车回家时,和一个闯红灯的女骑士相撞,大婶大腿骨折,而对方不幸伤重去世了。住院期间小吃店当然暂停营业,没想到有一天帅哥业务顺路来探望她,虽然他完全出于对朋友的关怀,却让她觉得很温暖。

后来她到丧家慰问,肇事女骑士的丈夫并不责怪她,却忍不住对她诉苦,说他本来以为夫妻间感情很不好,没事常吵架,现在老婆走了才发觉其实他是很爱老婆的,而老婆一定也很爱他,不然怎么会值完大夜班还特地去买了两人份的消夜,而且想在食物还没冷掉前赶回家呢?最后他语重心长地劝大婶,如果身边有值得爱的人一定要好好珍惜,不要为了面子,最后遗憾终生。

大婶当场泪流满面,决定好好把握自己的幸福。从那天开始她放下冷淡的外表,对任何人都露出温暖的笑容,尤其对帅哥业务,会特地留下他爱吃的小菜,就算他跑业务到很晚,一定能吃到喜欢的菜色,中午前还会打个电话问他需不需要准备便当，甚至在他的外带中放一瓶提神饮料。

　　帅哥业务很快就被大婶打动了，两人交往三个月后结婚，当然也有很多人怀疑帅哥业务娶她的动机，虽然身边的人都不看好这段关系，让他们承受了不小的压力，大婶仍然维持平常心，放下面子，只专注在两人的未来上，因此他们到现在还是非常恩爱。

　　我那些条件优秀的女性朋友们听完整个故事后，个个惭愧得哑口无言，我一方面为她们感慨，同时很佩服那位大婶熟女。

　　首先，她能解开自己长年的心结，已经很不简单，而且虽然她外在条件不佳，可以看出她很倔强、很重面子，叫一个自尊心超强的女人放下身段，这是多困难的一件事！尽管她也曾经迷失过自己，最后却很有智慧地认清什么才是她最深沉的愿望，为了这份渴望，旁人怎么指指点点，跟她一点关系都没有。

　　反观一些年轻很多、长得更漂亮、怎么看都远比大婶可爱动人的女性，却把固执错认成"有主见"，只要是她们所认定的事情，就算出动重型推土机也无法动摇半分。唉！所谓的固执，是要择善固执,而不是变成死也不肯点头的顽石。

更何况,在面子或自尊上冥顽不灵,看在男人眼里,只觉得你是个以自我为中心的女人,把自己的面子看得比生命还重要。这种女人当然也会向男人示好,可是只要男人反应不够快,让她们感到挫折,马上又变本加厉地武装起来,继续宣扬她们那套用来囚禁自己的框架:"我就说吧!如果他不主动约我,表示他没有那么喜欢我……"

我只能说,拿思想毒瘤残害自己已经够惨了,要是还企图让姊妹淘也陷入同样的思考模式,真是天诛地灭。

如果一个女人够聪明,就会知道要避开"聪明反被聪明误"的陷阱,其实只要放开心胸,想找到真命天子真的不难。虽然我不是叫你像个花痴一样到处放电,但也不必因为过去的经验或听信别人的逸言,就觉得所谓的"定律"都不会改变。

想把自己推到死胡同里,或者替自己制造无限的机会,都只在一念之间,我相信聪明的你,一定能明白这个道理。

罗夫曼问与答

别担心,遇到真命天子的女人都会变漂亮

问:我正在和一个比我小很多的年轻男生交往,虽然我们对彼此的感觉都很好,但是外表看起来真的差太多了,走在街上常常有人以为我是他的女性长辈。我真的很难过自己那一关,他真的是我的真命天子吗?

答:小姐,你都几岁了!应该不是第一次谈恋爱吧?你可以把他跟以前的男友拿出来比较一下。很多女人会白白让真命天子跑掉,就是因为她们会突然惊觉:"咦?好像不搭?"然后开始退缩、犹豫。

本来每天都有聊不完的话题(尤其是讲电话的时候,看不到对方的脸),却突然因为女人的"想太多",让恋情宣告夭折,对男人来说,这真的比踩到狗屎还倒霉!如果跟你热恋中的男人突然莫名其妙地开始疏远你,你会不会觉得内心很抓狂?会不会又气又伤心?记住,男人的心也是肉做的,你会伤心,男人当然也会。

既然相处时感觉那么好,"外表"应该是你最后一个要考虑的条件才对(以你的情况看来,完全不要考虑比较好),如果你还是不相信,就请你从现在开始每天观察自己的外貌变化,他如果真的是你的真命天子,你会愈来愈年轻漂亮,这可不是我在吹牛,科学家早就证明打从内心的愉悦会改变荷尔蒙分泌,质量良好的恋情,真的是比 SKII 还有效的珍贵保养品！前提是,你不要再担心那些局外人的眼光了！和你交往的是那个男生,多听听他的想法吧！

18

在对的时间遇到对的人，才是你的真命天子

　　我有几个轻熟女朋友常会长吁短叹，说不知道要等到几百年后才能遇到真命天子。只要人对了，时机不佳有关系吗？

　　女人遇不到真命天子的理由，其实跟无聊的八点档连续剧没什么两样，即使你这辈子已经交往了几十个无缘又无聊的男子，绕来绕去，总是逃脱不了三个固定的戏码：

　　1.你遇到喜欢的人，可是他对你没兴趣，或者根本不适合你。

2.你遇到适合的人,他很喜欢你,可是你没办法对他产生爱情。

3.别人都说那是你需要(或适合)的对象,但你不是很有把握。

既然你在这三种无聊剧目中根本找不到真命天子,就代表这三种情况是有问题的,不是人有问题,就是时间点有问题。

第一种是最好理解的,就是俗称的"在对的时间遇到错的人"——你以为自己准备好了,可是对方懒得理你。

说真的,你当然不必第一次被拒绝就逃跑,可是如果对方摆明了对你一点兴趣都没有,就不必勉强自己去符合对方的条件了,否则只会让你愈来愈委屈,最后痛苦到必须不断地努力去迎合对方,只可惜不管你怎么放低身段,错的也不会变成对的,你顶多变成他的忠仆或爱奴,是得不到他的真心的。

如果你碰到第二种情况,就是所谓的"在错的时间遇到对的人",就算你再舍不得,我也建议你摸着良心把对方放走,因为你根本没准备要接纳对方。

我曾经听说有个女生从大学就开始和她的男朋友交往,男方一直把她当成宝贝公主般宠爱。

不幸的是,这女生正属于那种良心被狗叼走的典型,骑驴找马,常忍不住出去偷吃,可是偷吃的对象又不够优秀,只好继续维持和男生的关系,男生去当兵的时候,她甚至还正大光明跑去跟他的学长过着半同居的生活。

就在男生当完兵找到工作后,情势终于有了变化!

一天晚上,女生和劈腿对象一起出去时醉酒驾车发生车祸,她断了好几根肋骨住院,男方竟然还和警察说是她开的车!让她觉得自己倒霉透顶。还好休养期间男朋友每天都来陪她,让她深受感动,决定要痛改前非,从此好好对待他、补偿他。

出院那天,男朋友特地请假来接她,还带来一大束她最爱的粉红玫瑰,她坐上车,发觉气氛有点紧张,直觉的反应就是:他是不是要求婚了呢?但男生一路都不说话,静静地送她到她家楼下,停好车后拉起她的双手,很诚恳地告诉她,他决定要和她分手了。

女生几乎当场崩溃,马上开始流泪、发脾气,质问他为什么那么残忍?男生只冷冷地对她说:"其实你做的事情我一直都知道,本来想等你改,但你完全不顾我的感受,还以为我什么都不知道,所以我终于死心了……只是我不想在你住院的时候离开而已。"

后来,听说女生为了这件事情哀怨了好几年,可是根本没有人会同情她。她那位倒霉被她玩弄好几年的善良前男友,则是和她其中一个好姊妹交往中(因为她任性的程度连姊妹也受不了,早就跟她疏远了),两人似乎很认真地往牵手一辈子的方向在努力。

我只能说,所谓的报应,其实也不是什么老天爷给的惩罚,而是依照逻辑自然发生的后果,那个女生还真以为男朋友是白痴,自己还有第二次机会。

尤其在讲到感情和缘分,没有好好掌握住也就算了,还故意把人家留在身边利用和践踏,对方当然会怀恨在心，一找到空隙就插你一刀。就算修养再好，还是会把你给甩了，让你下半辈子都悔恨为什么再也遇不到这种人。

所以说，不爱就是不爱，不要勉强去剥削对方的时间和心力，虽然我敢保证有一天你一定会后悔（尤其是被无赖男人抛弃、酒醉后一个人哭倒在路边的时候）。但把不爱的男人硬是留在身边，本身就是一种很缺德的行为，只会逼他把对你的爱情一片一片剥下来而已。

第三种，表面上看来是另外一种"在错的时间遇到对的人"，但其实是个陷阱题，据我所知，有不少女人都是因为这种情境才落入不幸福的婚姻中。

像我有个熟女朋友，就说过她年轻时至少有三次"差点结成婚"的经验，这三个男人都是公认的好男人，绝对不是光靠外表骗女人的玩咖，连她以挑剔出名的妈妈都觉得很满意，但她就是觉得有地方不对劲、怪怪的，仔细想过之后，她发觉这三个男人都不是她的理想对象，而只是"她身边的人"想要的人。

她带着一脸"好在都没嫁"的庆幸表情对我说，如果当初选了其中一个男人当老公，她能得到的好处，顶多是会被某些女人嫉妒，但最后不是得在她觉得很无聊的婚姻生活里奋勇求生，就是早就已经离婚，然后感觉像被硬生生剥掉一层皮，无论如何是不可能像现在这样过着悠闲快乐的日子。

另外，我也会尝试告诉我那些女性朋友，所谓的"对的时间"、"对的人"，其中对与错是很主观的东西，如果你用不同的角度去看，会得到不同的评量结果，所以要先弄清楚自己够不够成熟，看事情时够不够宏观。

比如说那个骑驴找马的女生，她利用纯粹的任性去判断对错，当然会觉得自己怎么做怎么对！加上行为自私，最后下场凄惨也是应该的；同样是错的时机点，那位熟女朋友至少知道自己想要什么，又靠着成熟的直觉去判断，最后发现对她来说，何止时间是错的（她没有准备好）！连人也是错的（不适合她）！

得到真命天子的唯一王道,就是靠直觉,而且只有当你觉得时间和人"两者皆对"时,才有机会结成好姻缘。

自我评量

他是你的真命天子吗?

现在的你适合找寻另一半吗？他是你真正想要的人吗？可以从以下的题目里确认一下,你会不会很容易陷入错的时机,或者常被错的人缠身！

1.有人提到你欣赏的男明星时,你会变得很激动。

是□否□

2.你的亲友总是对你的男朋友有意见,嫌他们配不上你。

是□否□

3.你觉得"来电"的感觉很棒。

是□否□

4.你这辈子曾经有超过三个的单恋对象(暗恋不算)。

是□否□

5.认识一个新的男性朋友时,你会先偷偷拿择偶标准审查他一遍。

是□否□

6.你认为在爱情中"包容"是最高的指导原则,比任何事都重要。

是□否□

7.你跟家人(或室友)的感情不是很好,但没有能力搬出去自己住。

是□否□

8.你对某一两种类型的男人有特殊偏好。

是□否□

9.你曾经交过一个男朋友,他也没犯什么大错,但你就是觉得他很笨。

是□否□

10.你有过很刻骨铭心的分手经验,当时伤心到以为自己永远都不会复原了。

是□否□

解析：

　　单数题测试的是"你目前适不适合接受真命天子"，双数题则是测试"你会不会很容易被坏男人骗"。同一类型的题目，只要勾选两个或以上的"是"，就代表你现在的状况还在"错"的范围之内。

　　基本上，只有一样东西能替你选择真命天子，就是你的"心"。除此之外，不管你用头脑或感觉，甚至还出动那些热心的亲友团帮你看，还是无法为你找到长久的幸福。